园林典型要素工程造价编制方法

李艳萍　著

中国农业大学出版社
·北京·

内容简介

本书以《建设工程工程量清单计价规范》(GB 50500—2013)、河北省园林工程消耗量定额为依据，主要阐述园林工程中的植物、园路、园桥、园林小品、单体建筑等典型造园要素的工程量计算及计价方法。全书分为4章，主要内容包括园林工程计价解读、园林工程定额计价方法及实例、工程量清单计价方法及实例、计算机软件计价方法及实例，分析归纳出13个典型园林工程计价实例的编制方法。

本书的大量项目实例都来自园林工程实际，缩短了理论和实际的距离，能使技术人员在实际的项目中学习和实践。

本书可作为从事园林工程造价人员、项目负责人及相关业务人员参考用书，也可作为园林类专业的专业教材的参考书。

图书在版编目(CIP)数据

园林典型要素工程造价编制方法 / 李艳萍著. —北京 ：中国农业大学出版社，2018.11(2019.10 重印)

ISBN 978-7-5655-2131-7

Ⅰ.①园… Ⅱ.①李… Ⅲ.①园林—工程造价—预算编制 Ⅳ.①TU986.3

中国版本图书馆 CIP 数据核字(2018)第 255032 号

书　　名　园林典型要素工程造价编制方法

作　　者　李艳萍　著

策划编辑　康昊婷　　**责任编辑**　韩元凤

封面设计　郑　川

出版发行　中国农业大学出版社

社　　址　北京市海淀区圆明园西路 2 号　　**邮政编码**　100193

电　　话　发行部 010-62818525，8625　　读者服务部 010-62732336

编辑部 010-62732617，2618　　出　版　部 010-62733440

网　　址　http://www.caupress.cn　　**E-mail** cbsszs @ cau.edu.cn

经　　销　新华书店

印　　刷　北京虎彩文化传播有限公司

版　　次　2018 年 11 月第 1 版　　2019 年 10 月第 2 次印刷

规　　格　787×1 092　　16 开本　　10.75 印张　　270 千字

定　　价　60.00 元

前　言

本书为园林工程技术专业专著，作者根据多年从事园林工程计量与计价实践撰写。本书立足园林工程项目实施实际需要，以园林工程项目为载体，按项目造价的完成过程需要编写内容。本书具有以下特点：

1. 包含了各种典型园林要素，实例均来源于工程实际，实用性强。

2. 在编著的表现形式上，采用以图代文、以表代文，直观性强。

3. 本书实例特别用表格的形式来计算，方便查阅，可操作性强。

4. 每个实例工程量的计算过程详细，突出园林工程项目计价的重点难点问题。

本书在编写过程中，参考和引用了有关部门、单位和个人的施工图资料，在此表示感谢。

由于编者的水平有限，书中错误和疏漏之处在所难免，恳请广大读者和专家批评指正。

李艳萍

2018 年 6 月

目　录

第一章　园林工程计价解读

第一节　园林工程计价概述

计算和确定工程项目造价的过程，就是工程计价。具体地说，工程计价是指工程造价人员在建设项目实施的各个阶段，根据各阶段的不同要求，遵循一定的原则和程序，采用科学的方法，对建设项目最可能实现的合理价格做出科学的计算，从而确定建设项目工程造价数额、编制工程造价的工作过程。要明确工程计价的含义及过程，就要先弄清楚工程造价。

一、园林工程造价的含义

园林工程造价是指园林工程在建造过程中所消耗的全部资金总和，即从工程项目确定建设意向直至建成、竣工验收为止的整个建设期间所支出的费用总和。具有下述两种不同的含义：

1. 第一种含义

园林工程造价是指建设一项园林工程项目预期开支或实际开支的全部固定资产投资费用总和。投资者为了获得园林绿化工程项目的预期效益，需要对园林绿化项目进行策划、决策、设计、招标、施工、竣工验收等一系列生产经营活动，在这一系列经营活动中所耗费的全部费用总和，就构成了园林工程造价。

2. 第二种含义

园林工程造价是指为建设一个公园、庭园、风景名胜区等，预计或实际上在土地市场、设备市场、技术劳务市场以及承包市场等进行交易活动形成的承包交易价格。园林工程造价的第二种含义是以市场经济为前提，通过招标投标或发承包等交易方式，在进行多次估价的基础上，最终由竞争形成的市场价格。

园林工程造价的两种含义，是从不同角度把握同一种事物的本质。对园林绿化工程投资者来说，工程造价就是项目投资，是“购买”园林工程项目所要付出的价格；同时园林工程造价也是工程投资者作为市场供给主体“出售”工程项目时定价的基础。对于提供技术、劳务的勘察设计、施工、造价咨询等机构来说，园林工程造价是他们作为市场供给主体出售商品和劳务价格的总和，或者是指特定范围的工程造价，如喷泉工程造价、假山工程造价等。

二、园林工程造价的职能

园林工程造价的职能除一般商品的价格职能外，还有自己的特殊职能。

1.预测职能

无论投资者或是建筑商都要对拟建园林绿化工程进行预先测算。投资者预先测算工程造价不仅可以作为项目决策依据，同时也是筹集资金、控制造价的依据。承包商对工程造价的预算，既为投标决策提供依据，也为投标报价和成本管理提供依据。

2.控制职能

园林工程造价的控制职能表现在两方面：一方面是它对投资的控制，即在投资的各个阶段，根据对造价的多次预算和评估，对造价进行全过程多层次的控制；另一方面，是对以承包商为代表的商品和劳务供应企业的成本控制。在价格一定的条件下，企业实际成本开支决定企业的盈利水平。成本越高，盈利越低。成本高于价格，就会危及企业的生存。所以，企业要以园林绿化工程造价来控制成本，利用园林绿化工程造价提供的信息资料作为控制成本的依据。

3.评价职能

园林工程造价是评价总投资和分项投资合理性和投资效益的主要依据之一。在评价土地价格、建筑安装产品和设备价格的合理性时，必须利用工程造价资料，在评价建设项目偿贷能力、获利能力和宏观效益时，也可依据工程造价。园林绿化工程造价也是评价建筑安装企业管理水平和经营成果的重要依据。

4.调节职能

园林工程建设直接关系到生产力水平和经济增长，也直接关系到国家重要资源分配和资金流向，对国计民生都产生重大影响。国家对建设规模、结构进行宏观调控是在任何条件下都不可或缺的，对政府投资项目进行直接调控和管理也是必需的。这些都要用工程造价为经济杠杆，对工程建设中的物资消耗水平、建设规模、投资方向等进行调控和管理。通过工程造价来对建设中的物质消耗水平、建设规模、投资方向等进行调节。

工程造价职能的实现条件是建立和完善市场机制，创造平等竞争的环境，建立完善灵敏的价格信息系统。

三、园林工程造价的特点

1.大额性

园林工程建设本身就是一个建筑与艺术相结合的行业。能够发挥一定生态和社会投资效用的工程，不仅占地面积和实物形体较大，而且造价高昂，动辄数百、数千万元，特大型综合风景园林工程项目的造价可达几十亿元人民币。所以，园林工程造价具有大额性的特点，并且关系到有关方面的重大经济利益，同时也给宏观经济带来重大影响。

2.个别性、差异性

任何一项园林工程都有特定的用途、功能和规模。所以，对每一项园林工程的结构、造型、空间分割、设备配置和内外装饰都有具体的要求，因而使园林工作内容和实物形态都具有个别性、差异性。产品的差异性及每项园林绿化工程所处地区、地段都不相同决定了园林工程造价的个别性差异。

3. 动态性

任何一项园林工程从决策到竣工交付使用,都有一个较长的建设期间,而且由于不可控因素的影响,在预计工期内,许多影响园林工程造价的动态因素,如园林工程变更,设备材料价格,工资标准以及费率、利率、汇率等,都会发生变化,这些变化必然会影响到造价的变动。所以,园林工程造价在整个建设期间处于不确定状态,直至竣工决算后工程的实际造价才能被最终确定。

4. 层次性

工程造价的层次性取决于园林工程的层次性。一个园林建设项目通常含有多个能够独立发挥生产效能的单项工程(如绿化工程、园路工程、园桥工程和假山工程等)。一个单项工程又由能够各自发挥专业效能的多个单位工程(如土建工程、安装工程等)组成。与此相适应,工程造价有三个层次:建设项目总造价、单项工程造价和单位工程造价。如果专业分工更细,单位工程的组成部分(以土建工程为例)——分部分项工程也可以成为层次对象,如土方工程、基础工程、装饰工程等,这样工程造价的层次就增加了分部工程和分项工程而成为五个层次。即使从造价的计算和工程管理的角度看,工程造价的层次性也是非常突出的。

5. 兼容性

园林工程造价的兼容性主要表现在它具有两种含义以及其构成因素的广泛性和复杂性。工程造价的两种含义可以理解为:一是指建设一项园林工程预期开支或实际开支的全部固定资产投资费用,也就是园林工程通过策划、决策、立项、设计、施工等一系列生产经营活动所形成相应的固定资产、无形资产所需用的一次性费用的总和。二是指建成一项园林工程,预计或实际在土地市场、设备市场、技术劳务市场以及工程承包市场等的交易活动中所形成的园林建筑安装工程的价格和园林建设项目的总价格。此外,在园林工程造价中,成本因素非常复杂,其中为获得园林建设工程用地支出的费用、项目可行性研究和规划设计费用、与政府一定时期政策(特别是产业政策和税收政策)相关的费用占有相当的份额,盈利的构成也较为复杂,资金成本较大。

第二节 园林工程造价分类

一、按用途分类

园林工程造价按照用途分为标底价格、投标价格、中标价格、直接发包价格、合同价格和竣工结算价格。

1. 标底价格

标底价格是招标人的期望价格,并不是交易价格。招标人以此作为衡量投标人投标价格的尺度,也是招标人控制投资的一种手段。

编制标底价可由招标人自行操作,也可委托招标代理机构操作,由招标人做出决策。

2. 投标价格

投标人为了得到工程施工承包的价格,按照招标人在招标文件中的要求进行估价,然后依据投标策略确定投标价格，以争取中标并且通过工程实施取得经济效益。所以投标报价是卖方的要价，若中标，这个价格就是合同谈判和签订确定园林工程价格的基础。

若设有标底，投标报价时要研究招标文件中评标时标底的使用。

3. 中标价格

中标价格的意思是在工程招标活动中，投标人的报价通过了招标人各项综合评价标准后，被评为最佳者的价格。中标包含两层意思：一是能够最大限度地满足招标文件中规定的各项综合评价标准，这里所谓的综合评价标准，就是对投标文件进行总体评估和比较，既按照价格标准又将非价格标准尽量量化成货币计算，评价最佳者中标；二是能够满足招标文件的实质性要求，并且经评审的投标价格最低，但是投标价格低于工程成本的除外，这项标准是与市场经济的原则相适应的，体现了优胜劣汰的原则。经评审的投标价格最低，仍然是以投标报价最低的中标作为基础，但又不是简单地去比较价格，而是对投标报价做出评审，在评审的基础上进行比较，这样较为可靠、合理。

4. 直接发包价格

直接发包价格是由发包人与指定的承包人直接接触，通过谈判达成协议签订施工合同，而不需要像招标承包定价方式那样通过竞争定价。直接发包方式计价只用于不宜直接招标的工程，如军事工程、保密技术工程、专利技术工程及发包人认为不宜招标而又不违反《招投标法》第三条（招标范围）规定的其他工程。

直接发包方式计价首先提出协商价格意见的可能是发包人或其委托的中介机构，也可能是承包人提出价格意见交发包人或其委托的中介组织进行审核。无论由哪方提出协商价格意见，都要通过谈判协商，签订承包合同，确定为合同价。

直接发包价格是以审定的施工图预算为基础，由发包人和承包人商定增减价的方式定价。

5. 合同价格

合同价格是指在绿化工程招投标阶段，承发包双方根据合同条款及有关规定，通过签订工程承包合同所计算和确定的拟建工程造价总额。

合同价格按计价方法的不同，可分为固定合同价、可调合同价和工程成本加酬金合同价。

(1)固定合同价分为固定合同总价和固定合同单价两种。

①固定合同总价。合同的价格计算是以图纸及规定、规范为基础，工程任务和内容明确，业主的要求和条件清楚，合同总价一次包死，固定不变，即不再因为物价波动、气候条件恶劣、地质条件及其他意外困难等的变化而变化的一类合同。在这类合同中，承包商承担了全部的工作量和价格的风险，因此合同价款一般会高些。

②固定合同单价。它是指合同中确定的各项单价在工程实施期间不因价格变化而调整，而在每月（或每阶段）工程结算时，根据实际完成的工程量结算，在工程全部完成时以竣工图的工程量最终结算工程总价款。

(2)可调合同价分为可调总价和可调单价两种。

①可调总价合同，又称为变动总价合同。合同价格是以图纸及规定、规范为基础，按照时价进行计算，得到包括全部工程任务和内容的暂定合同价格。它是一种相对固定的价格，在合同执行过程中，由于通货膨胀等原因而使所使用的工、料成本增加时，可以按照合同约定对合同总价进行相应的调整。当然，一般由于设计变更、工程量变化和其他工程条件变化所引起的费用变化也可以进行调整。因此，通货膨胀等不可预见因素的风险由业主承担，对承包商而

言，其风险相对较小，但对业主而言，不利于其进行投资控制，突破投资的风险就增大了。

②可调单价合同。合同单价可调，一般是在工程招标文件中规定。在合同中签订的单价，根据合同约定的条款，如在工程实施过程中物价发生变化，可作调整。有的园林在招标或签约时，因某些不确定因素而在合同中暂定某些分部分项工程的单价，在工程结算时，再根据实际情况和约定合同单价进行调整，确定实际结算单价。

(3)工程成本加酬金合同价，是由业主向承包人支付工程项目的实际成本，并按事先约定的某一种方式支付酬金的合同类型。即工程最终合同价格按承包商的实际成本加一定比例的酬金计算，而在合同签订时不能确定一个具体的合同价格，只能确定酬金的比例。其中酬金由管理费、利润及奖金组成。

6. 竣工结算价格

是指一个建设项目或单项工程、单位工程全部竣工，发承包双方根据现场施工记录、设计变更通知单、现场变更鉴定、定额预算单价等资料，进行合同价款的增减或调整计算。竣工结算应按照合同有关条款和价款结算办法的有关规定进行，合同通用条款中有关条款的内容与价款结算办法的有关规定有出入的，以价款结算办法的规定为准。

二、按计价方法分类

工程计价在工程项目的不同建设阶段具有不同的表现形式。

园林工程造价按照计价方法分为估算造价、概算造价、预算造价、投标价、结算造价和竣工决算价。

1. 估算造价

对拟建工程所需费用数额在前期工作阶段(编制项目建议书和可行性研究报告书)过程中按照投资估算指标进行的一系列计算过程所形成的价格，称为估算造价。园林工程投资估算是拟建项目前期工作的重要一环。

园林工程投资估算仅是一个建设项目所需费用的一部分，以一个大中型新建项目来说，它的建设投资应该是从前期工作到其设备购置和建筑、安装工程完成及试车、考核投产所需的全部建设费用，即固定资产费用、无形资产费用、递延资产费用和预备费用四部分内容。

2. 概算造价

在建设项目的初步设计或扩大初步设计阶段，由设计单位根据初步设计或扩大初步设计图纸、设备材料清单、概算定额、设备材料价格和费用定额及有关规定文件等资料，编制出反映拟建项目所需建设费用的经济文件，成为初步设计概算。初步设计概算所确定的建设项目所需费用总额，称为概算造价。这是初步设计文件的重要组成部分，是确定工程设计阶段的投资依据，经过批准的设计概算是控制工程建设投资的最高限额。

初步设计概算造价不得超过原批准可行性研究报告中估算投资额的10%，否则，应寻找超过的原因或修改设计。

3. 预算造价

设计单位在施工图设计阶段依据施工图设计的内容和要求结合预算定额的规定，计算出每一单位工程的全部工程量，选套有关定额并按照部门或地区主管部门发布的有关编制工程预算的文件规定，详细地编制出相应建设工程的预算造价，成为施工图预算或施工图设计预算造价。经批准的预算，是编制年度工程建设计划，签订建设项目施工合同，实行建筑安装工程造价包干和支付工程款项的依据。实行招标的工程，设计预算是制定招标控制价（标底）的重要依据。

4. 投标价

投标价是招标工作投标报价的简称。投标价由投标人自主确定，但不得低于成本。投标价应由投标人或受其委托具有相应资质的工程造价咨询人编制。

5. 结算造价

竣工结算经建设单位（业主）认可签证后，是建设单位拨付工程价款的依据；是施工单位获得人力、物力和财力耗费补偿的依据；是甲、乙双方终止合同关系的依据；同时，单项工程结算书又是编制建设项目竣工决算的依据。

6. 竣工决算价

竣工决算分为施工单位竣工决算和建设单位竣工决算两种。

竣工决算也称"工程决算"。工程决算是指一个建设项目在全部工程或某一期工程完工后，由建设单位以各单项工程结算造价及有关费用支出等资料为依据，编制出反映该建设项目从立项到交付使用全过程中各项资金使用情况的总结性文件所确定的造价，称为决算造价。它是办理竣工工程交付使用验收的依据，是竣工报告的组成部分。按照财政部、原国家计委和原国家建委等部门关于工程竣工决算编制的有关规定，竣工决算的内容包括竣工决算说明书、竣工决算财务表、交付使用财产总表、交付使用财产明细表等四个部分。

施工企业内部的单位竣工决算又称为单位工程竣工成本决算。竣工决算是由施工企业的财会部门编制的。通过决算，施工企业内部可以进行实际成本分析，反映经营效果，总结经验教训，以利提高企业经营管理水平。

第三节　工程造价构成

工程造价是工程项目按照确定的建设内容、建设规模、建设标准、功能要求和使用要求等全部建成及验收合格交付使用所需的全部费用。我国现行工程造价主要由设备及工具、器具购置费用，建筑安装工程费用，工程建设其他费用，预备费及建设期利息等几项构成。

一、设备及工具、器具购置费

（1）设备购置费　设备购置费是为建设项目购置或自制的达到固定资产标准的各种国产或进口设备、工具、器具的购置费用。

（2）工具、器具及生产家具购置费　工具、器具及生产家具购置费是新建或扩建项目初步设计规定的，保证初期正常生产必须购置的没有达到固定资产标准的设备、仪器、器具和生产家具等的购置费用。

二、建筑安装工程费

建筑安装工程费由直接费、间接费、利润和税金组成。

(一)直接费

直接费由直接工程费和措施费组成。

1.直接工程费

直接工程费是指施工过程中耗费的构成工程实体的各项费用,包括人工费、材料费、施工机具使用费。

(1)人工费　是指直接从事建筑安装工程施工的生产工人开支的各项费用,内容包括:

①基本工资,指发放给生产工人的基本工资。

②工资性补贴,指按规定标准发放的物价补贴,煤、燃气补贴,交通补贴,住房补贴,流动施工津贴等。

③生产工人辅助工资,指生产工人年有效施工天数以外非作业天数的工资,包括职工学习、培训期间的工资,调动工作、探亲、休假期间的工资,因气候影响的停工工资,女工哺乳时间的工资,病假在六个月以内的工资及产、婚、丧假期的工资。

④职工福利费,指按规定标准计提的职工福利费。

⑤生产工人劳动保护费,指按规定标准发放的劳动保护用品的购置费及修理费,徒工服装补贴,防暑降温费,在有碍身体健康环境中施工的保健费用等。

(2)材料费　是指施工过程中耗费的构成工程实体的原材料、辅助材料、构配件、零件、半成品的费用。内容包括:

①材料原价(或供应价格),指材料、工程设备的出厂价格或商家供应价格。

②材料运杂费,指材料自来源地运至工地仓库或指定堆放地点所发生的全部费用。

③运输损耗费,指材料在运输装卸过程中不可避免的损耗。

④采购及保管费,指为组织采购、供应和保管材料所需要的各项费用。包括采购费、仓储费、工地保管费、仓储损耗。

⑤检验试验费,指对建筑材料、构件和建筑安装物进行一般鉴定、检查所发生的费用,包括自设试验室进行试验所耗用的材料和化学药品等费用。不包括新结构、新材料的试验费和建设单位对具有出厂合格证明的材料进行检验,对构件做破坏性试验及其他特殊要求检验试验的费用。

(3)施工机具使用费　是指施工机械作业所发生的机械使用费以及机械安拆费和场外运费。施工机械台班单价应由下列七项费用组成:

①折旧费,指施工机械在规定的使用年限内,陆续收回其原值及购置资金的时间价值。

②大修理费,指施工机械按规定的大修理间隔台班进行必要的大修理,以恢复其正常功能所需的费用。

③经常修理费,指施工机械除大修理以外的各级保养和临时故障排除所需的费用。包括为保障机械正常运转所需替换设备与随机配备工具附具的摊销和维护费用,机械运转中日常保养所需润滑与擦拭的材料费用及机械停滞期间的维护和保养费用等。

④安拆费及场外运费,安拆费指施工机械在现场进行安装与拆卸所需的人工、材料、机械和试运转费用以及机械辅助设施的折旧、搭设、拆除等费用;场外运费指施工机械整体或分体自停放地点运至施工现场或由一施工地点运至另一施工地点的运输、装卸、辅助材料及架线等费用。

⑤人工费,指机上司机(司炉)和其他操作人员的工作日人工费及上述人员在施工机械规定的年工作台班以外的人工费。

⑥燃料动力费，指施工机械在运转作业中所消耗的固体燃料（煤、木柴）、液体燃料（汽油、柴油）及水、电等所需的费用。

⑦养路费及车船使用税，指施工机械按照国家规定和有关部门规定应缴纳的养路费、车船使用税、保险费及年检费等。

2. 措施费

措施费是指为完成工程项目施工，发生于该工程施工前和施工过程中非工程实体项目的费用。

内容包括：

（1）环境保护费 是指施工现场为达到环保部门要求所需要的各项费用。

（2）文明施工费 是指施工现场文明施工所需要的各项费用。

（3）安全施工费 是指施工现场安全施工所需要的各项费用。

（4）临时设施费 是指施工企业为进行建筑工程施工所必须搭设的生活和生产用的临时建筑物、构筑物和其他临时设施等的费用。

临时设施包括：临时宿舍、文化福利及公用事业房屋与构筑物，仓库、办公室、加工厂以及规定范围内的道路、水、电、管线等临时设施和小型临时设施。

临时设施费用包括：临时设施的搭设、维修、拆除费或摊销费。

其中环境保护费、文明施工费、安全施工费、临时设施费称为安全文明施工费。

（5）夜间施工费 是指因夜间施工所发生的夜班补助费、夜间施工降效、夜间施工照明设备摊销及照明用电等费用。

（6）二次搬运费 是指因施工场地狭小等特殊情况而发生的二次搬运费用。

（7）大型机械设备进出场及安拆费 是指机械整体或分体自停放场地运至施工现场或由一个施工地点运至另一个施工地点，所发生的机械进出场运输及转移费用及机械在施工现场进行安装、拆卸所需的人工费、材料费、机械费、试运转费和安装所需的辅助设施的费用。

（8）混凝土、钢筋混凝土模板及支架费 是指混凝土施工过程中需要的各种钢模板、木模板、支架等的支、拆、运输费用及模板、支架的摊销（或租赁）费用。

（9）脚手架费 是指施工需要的各种脚手架搭、拆、运输费用及脚手架的摊销（或租赁）费用。

（10）已完工程及设备保护费 是指竣工验收前，对已完工程及设备进行保护所需费用。

（11）施工排水、降水费 是指为确保工程在正常条件下施工，采取各种排水、降水措施所发生的费用。

（二）间接费

间接费由规费、企业管理费组成。

1. 规费

规费是指按照国家法律、法规规定，由省级政府和有关权力部门规定必须缴纳的费用（简称规费）。包括：

（1）工程排污费 是指施工现场按规定缴纳的工程排污费。

（2）社会保险费 包括以下各项。

①养老保险费，是指企业按照规定标准为职工缴纳的基本养老保险费。

②失业保险费，是指企业按照规定标准为职工缴纳的失业保险费。

③医疗保险费，是指企业按照规定标准为职工缴纳的基本医疗保险费。

④工伤保险费,是指企业按照规定标准为职工缴纳的工伤保险和农民工工伤保险费。

⑤生育保险费,是指企业按照规定标准为职工缴纳的生育保险费。

(3)住房公积金　是指企业按规定标准为职工缴纳的住房公积金。

其他应列而未列入的规费,按实际发生计取。

2.企业管理费

企业管理费是指建筑安装企业组织施工生产和经营管理所需费用。包括:

(1)管理人员工资　是指管理人员的计时工资、奖金、津贴补助、加班加点工资及特殊情况下支付的工资等。

(2)办公费　是指企业管理办公用的文具、纸张、账表、印刷、邮电、书报、会议、水电、烧水和集体取暖(包括现场临时宿舍取暖)用煤等费用。

(3)差旅交通费　是指职工因公出差、调动工作的差旅费、住勤补助费,市内交通费和误餐补助费,职工探亲路费,劳动力招募费,职工离退休、退职一次性路费,工伤人员就医路费,工地转移费以及管理部门使用的交通工具的油料、燃料、养路费及牌照费。

(4)固定资产使用费　是指管理和试验部门及附属生产单位使用的属于固定资产的房屋、设备仪器等的折旧、大修、维修或租赁费。

(5)工具用具使用费　是指管理使用的不属于固定资产的生产工具、器具、家具、交通工具和检验、试验、测绘、消防用具等的购置、维修和摊销费。

(6)劳动保险费和职工福利费　是指由企业支付离退休职工的易地安家补助费、职工退职金、六个月以上的病假人员工资、职工死亡丧葬补助费、抚恤费、按规定支付给离休干部的各项经费、集体福利费、夏季防暑降温、冬季取暖补贴、上下班交通补贴等。

(7)工会经费　是指企业按职工工资总额计提的工会经费。

(8)劳动保护费　指企业按规定发放的劳动保护用品的支出。如工作服、安全帽、手套等。

(9)工程质量检测费　指依据现行规范及文件规定,由委托方委托检测机构对建筑材料、构件和建筑结构、建筑节能鉴定检测所发生的检测费。不包括对地基基础工程、建筑幕墙工程、钢结构工程、电梯工程、室内环境等所发生的专项检测费用。

(10)职工教育经费　是指企业为职工学习先进技术和提高文化水平,按职工工资总额计提的费用。

(11)财产保险费　是指施工管理用财产、车辆的保险费。

(12)财务费　是指企业为筹集资金而发生的各种费用。

(13)税金　是指企业按规定缴纳的房产税、车船使用税、土地使用税、印花税等。

其他:包括技术转让费、技术开发费、业务招待费、绿化费、广告费、公证费、法律顾问费、审计费、咨询费等。

(三)利润

利润是指施工企业完成所承包工程获得的盈利。

(四)税金

税金是指国家税法规定的应计入建筑安装工程造价内的增值税应纳税额和附加税费(城市维护建设税、教育费附加和地方教育附加)。

以上费用组成中,安全文明施工费、规费、税金是不可竞争费。

园林建设工程费用组成同建筑安装工程费，由直接费、间接费、利润、税金、其他费用组成。

三、工程建设其他费用

工程建设其他费用是指从工程筹建起到工程竣工验收交付使用的整个建设期间，除建筑安装工程费用和设备及工器具购置费以外的，为保证工程建设顺利完成和交付使用后能够正常发挥效用而发生的各项费用。

工程建设其他费用，按其内容可分为固定资产其他费用、无形资产费用和其他资产费用等。

1. 固定资产其他费用

固定资产其他费用是固定资产费用的一部分。固定资产费用是指项目投产时将直接形成固定资产的建设投资，包括工程费用以及在工程建设其他费用中按规定将形成固定资产的费用，后者被称为固定资产其他费用。

2. 无形资产费用

无形资产费用是指直接形成无形资产的建设投资，主要指专利及专有技术使用费。具体包括如下内容：

(1)国外设计和技术资料费，引进有效专利、专用技术使用费和技术保密费。

(2)国内有效专利、专用技术使用费。

(3)商标权、商誉和特许经营权费用等。

3. 其他资产费用

其他资产费用是指建设投资中除形成固定资产和无形资产以外的部分，主要包括生产准备及开办费等。

生产准备及开办费是指建设项目为保证正常生产(或营业、使用)而发生的人员培训费、提前进厂费以及投产使用必备的生产办公、生活家具用具及工器具等购置费用。

四、预备费和建设期贷款利息

1. 预备费

预备费包括基本预备费和涨价预备费。

(1)基本预备费是针对项目实施过程中可能发生难以预料的支出，需要事先预留的费用，又称工程建设不可预见费，主要指设计变更及施工过程中可能增加工程量的费用。

(2)涨价预备费是指建设项目在建设期间内由于材料、人工、设备等价格可能发生变化引起工程造价变化，而预先预留的费用，又称价格变动不可预见费。

2. 建设期贷款利息

建设期贷款利息包括向国内银行及其他非银行金融机构贷款、出口信贷、外国政府贷款、国际商业银行贷款以及在境内发行的债券等在建设期间应计的借款利息。

第四节 园林工程项目划分

园林工程项目的划分是进行园林工程预算的必要条件，在熟悉园林工程施工图纸及施工组织设计的基础上，只有按照定额的项目类别确定工程中的各项目，计算各项目的工程量，才能准确选择定额，进行各类预算、决算，以减少计算过程中的漏算和少算。

一、园林工程项目划分的依据

园林工程项目划分的依据包括：

(1)工程设计的施工图纸和各种相关技术资料；

(2)适合的园林工程建设及绿化工程定额；

(3)施工企业完成的施工组织设计资料；

(4)建设单位和园林工程施工企业签订的具有法律效力的合同、协议等文件资料。

二、园林工程项目的划分

一个园林建设工程项目是由多个基本的分项工程构成的，为了方便对工程进行管理，使工程预算项目与预算定额中项目相一致，就必须对工程项目进行划分。一般可划分为以下几个方面：

(1)建设项目　在一个场地上或数个场地上，按照一个总体设计进行施工的各个工程项目的总和。建设项目在行政上具有独立的组织形式，经济上实行独立核算，有法人资格与其他单位建立经济往来关系。例如一个公园、一个游乐园、一个动物园、一个现代农业观光园、一个标准高尔夫球场等项目。建设项目的工程造价一般由编制设计总概算或设计概算或修正概算来确定。

(2)单项工程(工程项目)　是指能独立设计、施工，建成后能独立发挥生产能力或工程效益的工程项目。一个工程项目中可以有几个单项工程，也可以只有一个。如一个公园的码头、水榭、餐厅、茶室、管理处等。其造价由编制单项工程综合概预算确定。

(3)单位工程　是指可以独立设计、施工，但不能独立形成生产能力与发挥效益的工程，它是单项工程的组成部分。如餐厅工程中的给排水工程、照明工程、绿化工程、土建工程；茶室的照明工程、绿化工程；园林工程中的休息亭、花架、公共卫生间等。它是单项工程的重要组成部分。所以一个单项工程可以划分为“园林建筑工程”“给排水工程”“电气照明部分”及“智能化工程”等单位工程。单位工程造价一般由编制施工图预算(或单位工程设计概算)确定。

(4)分部工程　指单位工程的各个部位或是按照使用不同的工种、材料和施工机械而划分的工程项目。如园林古亭工程可分为土石方及基础、钢筋混凝土梁柱、木结构构件、亭顶面、装饰和油漆等分部工程；一般土建工程可划分为土石方、砖石、混凝土及钢筋混凝土、木装修、屋面、抹灰、油漆彩画、脚手架、玻璃裱糊、砌筑工程等。

(5)分项工程(定额子目)　分部工程中按不同的施工方法、不同的材料、不同的规格进一步划分的最基本的工程项目。是施工图预算中最基本的计算单位，是分部工程的组成部分，对其划分的合理性直接影响到园林工程预算书的编制。例如土石方工程中的人工挖土方、运土石方、平整场地等，混凝土工程中的柱、梁、板的混凝土等。

如某公园绿化栽植工程，工程项目划分如下：

建筑项目：某某公园

单项工程：某某树木园

单位工程：绿化工程

分部工程:栽植苗木

分项工程:栽植乔木(裸根、胸径 6 cm)

园林绿化工程可划分为 3 个分部工程:绿化工程,园路、园桥工程,园林景观工程。每个分部工程又分为若干个子分部工程。每个子分部工程中又分为若干个分项工程。园林绿化工程的分部工程名称、子分部工程名称和分项工程名称见表 1-4-1。

表 1-4-1 园林绿化工程分部分项工程名称

分部工程	子分部工程	分项工程
绿化工程	绿地整理	砍伐乔木、挖树根;砍挖灌木丛及根;砍挖竹根;挖芦苇及根;清除草皮;整理绿化用地;屋顶花园基底处理等
	栽植花木	栽植乔木;栽植竹类;栽植棕榈类;栽植灌木;栽植绿篱;栽植攀缘植物;栽植色带;栽植花卉;栽植水生植物;铺种草皮;喷播植草
	绿地喷灌	喷灌管线安装,喷管配件安装
园路、园桥工程	园路、园桥工程	园路、路牙铺设;树池围牙、盖板;嵌草砖铺装;石桥基础;石桥墩、石桥台;拱旋石制作、安装;石旋脸制作、安装;金刚墙砌筑;石桥面铺筑;石桥面檐板;仰天石、地伏石;石望柱;踏(蹬)道,桥基础,石汀步(步石、飞石),栈道
	驳岸、护岸	栏杆、扶手;栏板、撑鼓;木质步桥,点(散)布大卵石,石砌驳岸;原木桩驳岸;散铺砂卵石护岸(自然护岸),框格花木护岸
园林景观工程	堆塑假山	堆筑土山丘;堆砌石假山;塑假山;石笋;点风景石;池石、盆景山;山石护角;山坡石台阶;池、盆景置石
	原木、竹构件	原木(带树皮)柱、梁、檩、椽,原木(带树皮)墙;树枝吊挂楣子;竹柱梁、檩、椽;竹编墙;竹吊挂楣子
	亭廊屋面	草屋面;竹屋面;树皮屋面;油毡瓦屋面,预制混凝土穹顶;玻璃屋面;木(防腐木)屋面;彩色压型钢板(夹芯板)穹顶;彩色压型钢板(夹芯板)攒尖亭屋面板
	花架	现浇混凝土花架柱、梁;预制混凝土花架柱、梁;木花架柱、梁;金属花架柱、梁;竹花架柱、梁
	园林桌椅	木质飞来椅;钢筋混凝土飞来椅;竹制飞来椅;现浇混凝土桌凳;预制混凝土桌椅;石桌石凳;塑树根桌凳;塑树节椅;塑料、铁艺、水磨石飞来椅;水磨石桌凳;金属椅
	喷泉安装	喷泉管道;喷泉电缆;水下艺术装饰灯具;电气控制柜
	杂项	石灯;塑仿石音响;塑树皮梁、柱;塑竹梁、柱;铁艺栏杆;标志牌;石浮雕、石镌字;砖石砌小摆设(砌筑果皮箱、放置盆景的须弥座等)

三、工程项目划分实例

编制工程造价的第一步就是读图、算量,算量的第一步是列出分部分项工程名称。列出分部分项工程名称有两种方法,一是根据施工工艺,列出所有工序,施工中的每一道工序就是一个分项工程，列项时坚持"先地下，后地上""先主体，后装饰"的原则；二是根据定额中章节顺序列出每个分部分项工程。举例说明第二种方法。根据岗亭图 1-4-1 至图 1-4-4 示意图，包括平面图、立面图、剖面图及设计说明，划分出岗亭工程分部分项工程，见表 1-4-2。

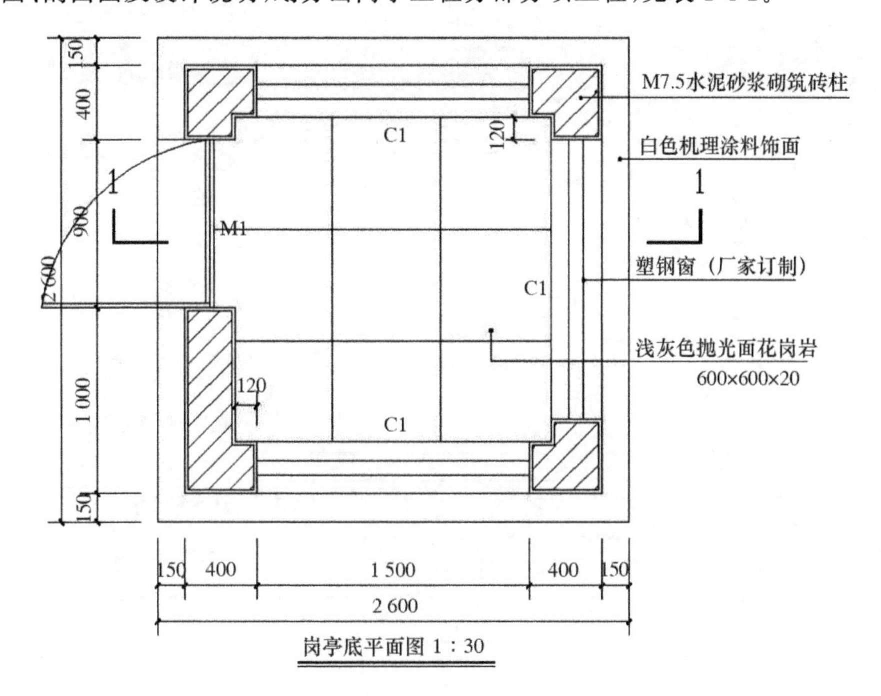

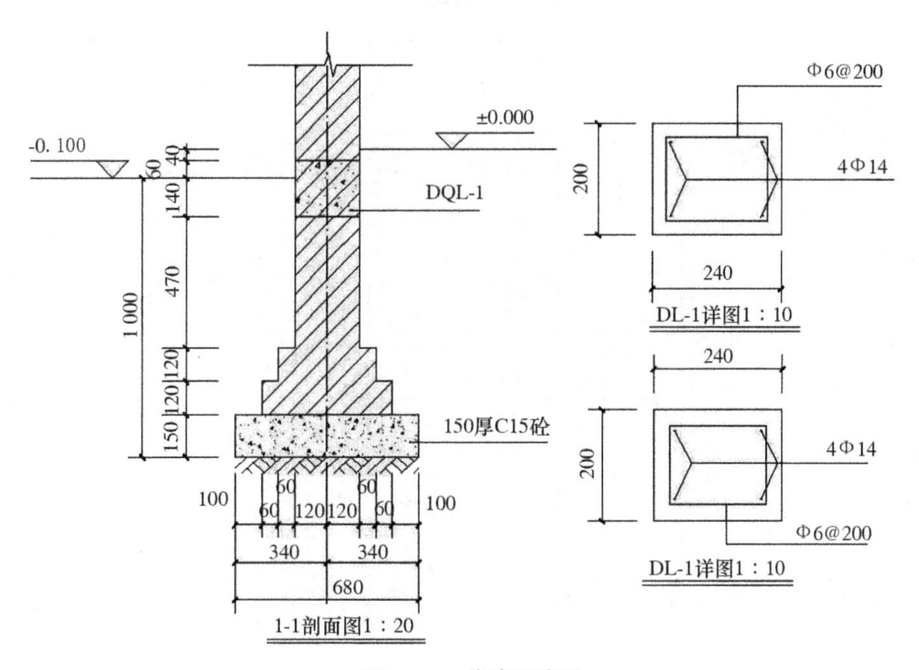

图 1-4-1　岗亭示意图一

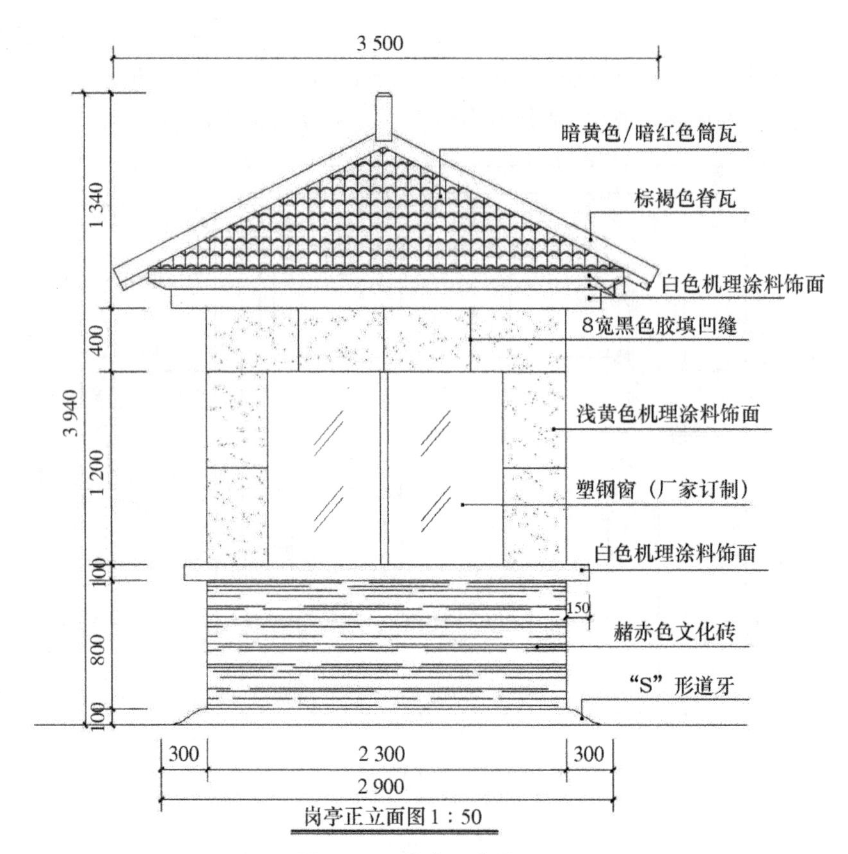

图 1-4-2　岗亭示意图二

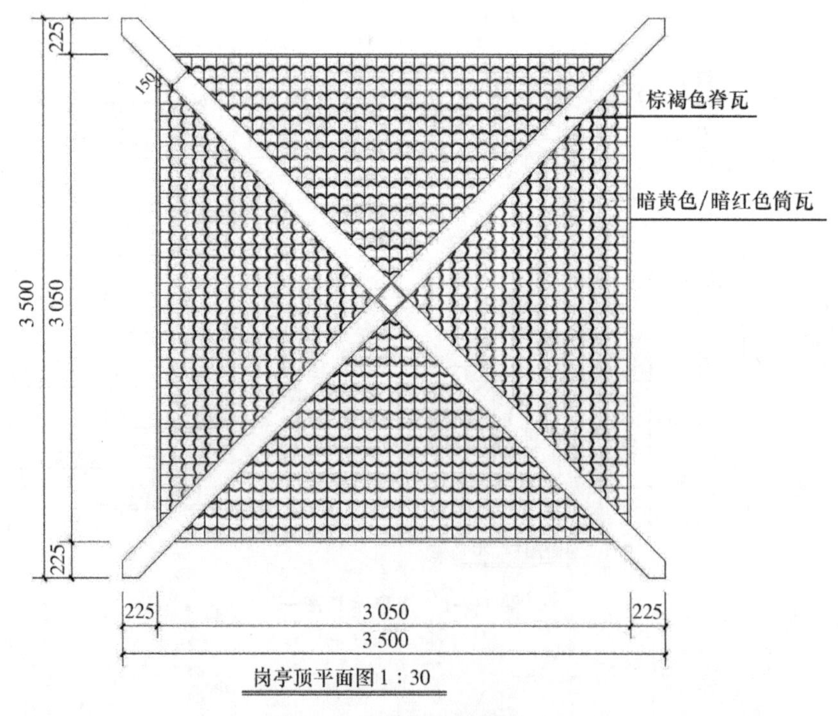

图 1-4-3　岗亭示意图三

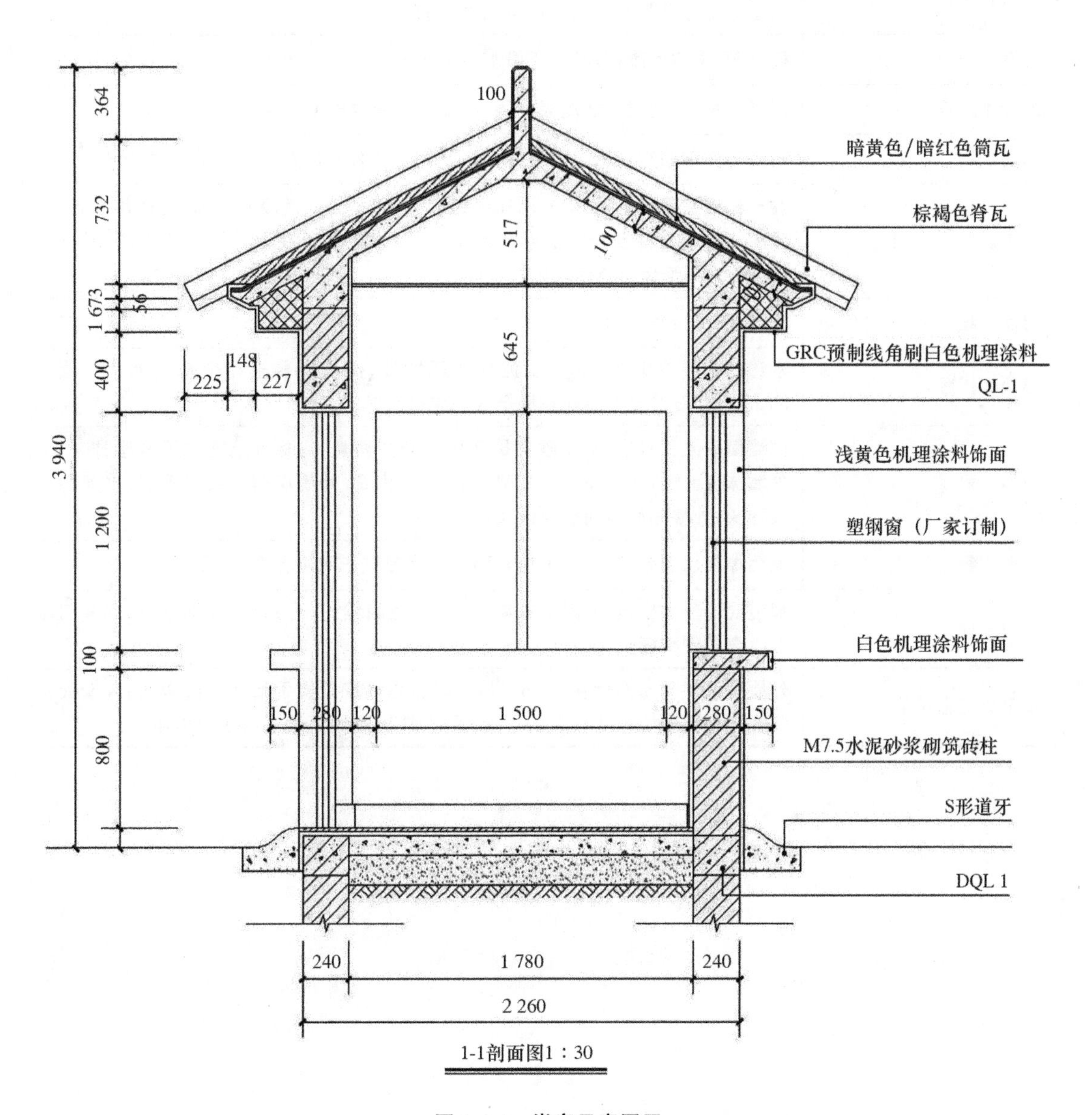

暗黄色/暗红色筒瓦
棕褐色脊瓦
GRC预制线角刷白色机理涂料
QL-1
浅黄色机理涂料饰面
塑钢窗（厂家订制）
白色机理涂料饰面
M7.5水泥砂浆砌筑砖柱
S形道牙
DQL 1
100
517
100
645
364
732
1 673
56
400
3 940
1 200
100
800
225
148
227
150
280
120
1 500
120
280
150
240
1 780
240
2 260
1-1剖面图1：30

图 1-4-4　岗亭示意图四

表 1-4-2 岗亭工程分部分项工程名称

分部工程	分项工程
土石方工程	人工平整场地;人工挖基槽(二类土);人工钎探;人工回填土夯填(基础回填);人工运土方运距 20 m 以内;人工原土打夯
砖石工程	砖基础;多边形砖柱;多孔砖墙 1 砖
混凝土工程	混凝土垫层;现浇钢筋混凝土圈梁;现浇钢筋混凝土斜板
钢筋工程	现浇构件钢筋直径 10 mm 以内(Φ6);现浇构件钢筋直径 20 mm 以内(Φ14)
屋面及防水工程	黏土瓦铺在屋面板上;钢丝网屋面每增减 10 mm 一道冷底子油,两道热沥青;隔离层 SBS 改性沥青防水卷材热熔一层;水泥砂浆在硬基层上找平层(平面 20 mm);屋面保温挤塑黏贴
门窗工程	塑钢窗;推拉塑钢门
楼地面工程	水泥砂浆楼地面 20 mm;水泥砂浆踢脚线;细石混凝土在硬基层上找平层 30 mm;细石混凝土在硬基层上找平层每增减 5 mm
墙面工程	内墙面砂浆找平层;水泥砂浆抹灰内乳胶漆两遍;内标准墙面水泥砂浆抹灰;外墙抹灰涂料;外墙墙面水泥砂浆黏贴文化石;外墙墙面砂浆找平层;水泥砂浆抹灰;外墙标准墙面水泥砂浆抹灰、GRC
天棚工程	天棚抹灰水泥砂浆;混凝土抹灰面满刮水泥腻子两遍乳胶漆两遍
模板工程	现浇混凝土木模板;混凝土基础垫层;现浇圈梁(直形)组合式钢模板;现浇斜板组合式钢模板
脚手架工程	外墙脚手架外墙高度在 15 m 以内;单排内墙砌筑脚手架 3.6 m 以内;外墙面装饰脚手架外墙高度在 5 m 以内;简易脚手架天棚;简易脚手架内墙

第二章 园林工程定额计价方法及实例

第一节 园林工程预算定额概述

一、园林工程预算的概念

园林工程预算是指在工程建设过程中，根据不同的设计阶段设计文件的具体内容和有关定额、指标及取费标准，预先计算和确定建设项目的全部工程费用的技术性经济文件。

二、园林工程预算的种类

园林工程建设一般要经过初步设计阶段、施工图设计阶段、施工阶段、竣工验收等阶段。园林工程预算按不同的设计阶段和所起的作用及编制依据的不同，一般可分为设计概算、施工图预算和施工预算三种。如表 2-1-1 所示。

表 2-1-1 园林工程预算种类

预算种类	设计概算	施工图预算	施工预算
编制目的	控制工程投资	对外确定工程造价	企业内部进行施工管理、核算工程成本
编制单位	设计单位	施工单位	施工单位、施工项目部
建设阶段	初步设计阶段、技术设计阶段	施工图纸已完成、工程开工前	施工准备阶段、工程开工前
编制依据	初步设计图纸、技术设计图纸、概算定额、概算指标、费用定额	施工图纸、施工组织设计、预算定额、材料市场价格、费用定额	施工图预算、施工图纸、施工组织设计、施工定额
编制结果	从项目筹建到交付使用全过程的建设费用	单位工程从开工到竣工全过程的建设费用	拟建工程的人工、材料、机械消耗量以及相应的人工费、材料费、机械费

建设项目或单项工程竣工后，还应编制竣工决算。工程竣工决算分为施工单位竣工决算和建设单位竣工决算两种。

施工企业内部的单位竣工决算是以单位工程为对象，以单位工程竣工结算为依据，核算一个单位工程的预算成本、实际成本和成本降低额，又称为单位工程竣工成本决算。竣工决算是由施工企业的财会部门编制的。通过决算，施工企业内部可以进行实际成本分析，反映经营效果，总结经验教训，以利提高企业经营管理水平。

建设单位竣工决算是在新建、改建、扩建的工程建设项目竣工验收移交后，由建设单位组织有关部门，以竣工结算等资料为基础编制的，一般是建设单位的财务支出情况，是整个建设项目从筹建到全部竣工的建设费用的文件，其中包括建筑工程费用，安装工程费用，设备、工器具购置费用和其他费用等，竣工决算的主要作用是分析投资效果。

设计概算不得超过计划的投资额，施工图预算和竣工决算不得超过设计概算。三者都有独立的功能，在工程建设的不同阶段发挥各自的作用。

三、工程定额的概念

所谓定，就是规定；额，就是额度或限额。从广义理解，定额就是规定的额度或限额，即工程施工中的标准或尺度。具体来讲，定额是指在正常的施工条件下，完成某一合格单位产品或完成一定量的工作所需消耗的人力、材料、机械台班和财力的数量标准（或额度）。

四、工程定额的分类

在园林工程建设过程中，由于使用对象和目的不同，园林建设工程定额的种类很多，可根据内容、用途和使用范围等的不同进行分类。

1. 按生产要素分类

劳动定额、材料消耗定额、机械台班使用定额。

2. 按编制程序和用途分类

装饰工程定额、施工定额、预算定额、概算定额和概算指标。

3. 按编制单位和执行范围分类

全国统一定额、一次性定额、企业定额。

4. 按专业不同分类

建筑工程定额、安装工程定额、仿古建筑工程定额、园林绿化工程定额、公路工程定额等。

五、园林工程预算定额的概念

园林工程预算定额是指在正常的施工条件下，确定完成一定计量单位的合格分项工程或结构构件所需消耗的人工、材料、机械台班和费用的数量标准。表 2-1-2 是河北省园林绿化工程消耗量定额项目表（2013 版）中的一部分。

例如，要知道某绿化栽植 1 株土球直径为 100 cm 的国槐需消耗的人工费、材料费、机械费以及需消耗的人工和材料量等，查表 2-1-2 河北省园林绿化工程消耗量定额项目表就可以得到消耗的人工费为 41.24 元，材料费为 1.64 元，机械费为 24.40 元。消耗的人工为 1.031 0 工日。

本任务中涉及的定额都是以河北省园林工程定额（2013 版）为依据。

表 2-1-2　河北省园林绿化工程消耗量定额项目表[栽植乔木(带土球)]

工作内容:挖坑、栽植、浇水、保墒、整形、清理　　　　单位:株

定额编号				1-72	1-73	1-74	1-75	1-76
项目名称				乔木(带土球)				
				土球直径(cm 以内)				
				70	80	100	120	140
基价(元)				27.16	41.14	67.28	96.69	142.23
人工费(元)				16.72	25.68	41.24	60.32	90.68
材料费(元)				0.68	0.82	1.64	2.18	2.73
机械费(元)				9.76	14.64	24.4	34.19	48.82
名称		单位	单价(元)	数量				
人工	综合用工二类	工日	40.00	0.418	0.642	1.031	1.508	2.267
材料	水	m^3	3.03	0.225	0.27	0.54	0.72	0.9
机械	机械费	元	1.00	9.76	14.64	24.4	34.19	48.82

六、预算定额的内容

预算定额主要由文字说明、定额项目表和附录三部分组成。

文字说明包括总说明、分部工程说明、分节说明。在总说明中,主要阐述预算定额的用途,编制依据,适用范围,定额中已考虑的因素和未考虑的因素、使用中应注意的事项等。在分部工程说明中,主要阐述本分部工程所包括的主要项目,编制中有关问题的说明,定额应用时的具体规定和处理方法等。分节说明是对本节所包含的工作内容及使用的有关说明。因此,在使用定额前应首先了解和掌握文字说明的各项内容,这些文字说明是定额应用的重要依据。

定额项目表是定额的核心部分,其中列出了每一单位分项工程中人工、材料、机械台班消耗量。定额项目表由分项工作内容,定额计量单位,定额编号,人工、材料、机械消耗量,附注等组成。

附录列在预算定额的最后,其主要内容有材料、成品、半成品价格表,施工机械台班价格表等。这些资料供定额换算之用,是定额应用的重要补充资料。

园林工程预算定额的套用可以分为直接套用、材料换算和系数换算三种。

现以 2013 年河北省园林工程定额为依据,举例说明预算定额的套用。

在定额中给出了《砂浆厚度调整及分格嵌缝》抹灰面每增减 1 mm 厚的定额子目,以便当设计与定额抹灰厚度不符时予以调整换算。

【例 1】在某楼地面工程中,水泥砂浆找平层基本定额厚度为 20 mm,每 100 m^2 基价为 936.41 元,增加厚度定额每增减 5 mm,100 m^2 的基价为 188.78 元,若设计厚度为 28 mm 时,求其定额基价是多少。

【解】计算增加厚度系数为:(28－20)/5＝1.6(不足的取整数,按 2 计算),

换算后的定额基价为(936.41＋188.78×2)元/100 m^2

在定额中，材料价差允许换算时才可换算。价差可分两类：一类为单价计算价差的材料（为单价价差材料）；另一类为统一在调价系数中处理的价差材料。

【例2】如市场中购买的地砖为 500 mm×500 mm，50 元/m^2。试计算该地面的 100 m^2 的材料费。

【解】查河北省装饰装修工程消耗量定额（2012）B1-109，地砖周长在 2 000 mm 以内时，单价为 45 元/m^2，材料费基价为 7 525.88 元/100 m^2。换算如下：

7 525.88＋(50－45)×104＝8 045.88(元/100 m^2)(104 即每 100 m^2 用 104 m^2 地砖)

【例3】河北省建筑工程消耗量定额（2012）A3-2 中规定 M5 水泥砂浆用量为 1.92 m^3，单价为 151.63 元/m^3，则相应的定额预算基价为 3 467.25 元/10 m^3。根据图纸要求换用 M7.5 砂浆，单价为 157.20 元/m^3，则相应的预算基价为多少？

【解】换算后的定额基价＝换算前的定额基价＋(相应的材料单价之差×应换人材机或半成品数量)

即 3 467.25 元/10 m^3＋(157.20－151.63)×1.92 元/10 m^3＝3 477.94 元/10 m^3

【例4】砖砌 1 砖外墙，采用 M7.5 混合砂浆砌筑，求定额基价。

【解】(1)套定额 A3-2，基价为 3 467.25 元/10 m^3

(2)砂浆等级由常规的 M5 换成 M7.5 混合砂浆时，每立方米单价增加(157.20－151.63)元＝5.57 元

(3)每 10 m^3 砖砌体砂浆定额用量为 1.92 m^3

(4)换算后的定额基价为(3 467.25＋5.57×1.92)元/10 m^3＝3 477.94 元/10 m^3

【例5】某工程砌砖台阶 8 m^2，设计要求采用标准砖、M5 水泥砂浆砌筑，试计算该分项工程定额预算价格及工料分析。

【解】(1)确定套用定额编号

应注意工程单位必须化为与定额单位一致。

查河北省园林工程消耗量定额（2013 年）项目表：

1-619，砖砌台阶基价：2 520.17 元/10 m^2；10 m^2 的 M2.5 水泥石灰砂浆用量为 0.912 m^3

(2)确定换算砖砌台阶基价

查园林定额附录，M5 水泥石灰砂浆单价：151.63 元/m^3；M2.5 水泥砂浆单价为 146.37 元/m^3

(3)计算换算基价

2 520.17(原基价)＋0.912(用量)×(151.63－146.37)(换算材料单价差)＝2 524.97 元/10 m^2

该分项工程定额预算价格：8/10×2 524.97 元＝2 019.97 元

(4)工料分析

人工：18.925 工日/10 m^2×8 m^2＝15.14 工日

M5 水泥石灰砂浆：0.912 m^3/10 m^2×8 m^2＝0.730 m^3

标准砖：2.321 千块/10 m^2×8 m^2＝1.857 千块

水：4 m^3/10 m^2×8 m^2＝3.2 m^3

机械费：100.81 元/10 m^2×8 m^2＝80.65 元

在定额中，由于施工条件和方法不同，影响预算价值，可利用系数进行换算。

【例6】某工程挖土方(一类土),施工组织设计规定为机械开挖,在机械不能施工的死角有湿土 121 m^3 需人工开挖,试计算完成该分项工程的直接费。

【解】(1)根据土石方分部说明,得知人工挖湿土时,按相应定额项目乘以 1.18 计算;机械不能施工的土石方,按相应的人工挖土方定额乘以系数 1.5。

(2)查河北省园林工程预算定额 A1－1 人工挖土方(一类干土),基价为 958.8 元/100 m^3

(3)计算换算基价:(958.8×1.18×1.5)元/100 m^3＝1 697.08 元/100 m^3

(4)计算完成该分项工程的工程费的直接费:1 697.08 元/100 m^3×121 m^3＝2 053.46 元

在定额的换算中,由于受到篇幅的限制,对各种项目的运输定额,一般分为基本定额和增加定额,即超过最大运距时另行计算。如土石方工程,运距的最大距离为 20 m,超过时另按每增加 20 m 运距定额计算增加的费用。

【例7】人工运土方 100 m^3 运距 80 m 计算增加的费用。

【解】(1)套用定额 A1-76 人工运土方,运距 80 m,计算定额直接工程费。

(2)套用定额 A1-76,运距 20 m 以内定额基价为 1 359.24 元/100 m^3,80/20＝4,定额基价为:1 359.24×4 元/100 m^3＝5 436.96 元/100 m^3

(3)该工程定额直接费为 5 436.96 元

七、预算定额的补充

(1)定额代用法　其原理是利用性质相似、材料大致相同、施工方法又很接近的定额项目,考虑采用估算或采用一定系数进行计算。

(2)补充定额法　其原理是材料用量按照图样的构造做法及相应的计算公式计算,并加入规定的或预估的损耗率。人工及机械台班使用量,可用劳动定额、机械台班定额及类似定额计算,并经有关技术、定额人员和工人讨论决定。然后乘以人工工资标准、材料预算价格及机械台班费,就可得到补充定额。

第二节　园林绿化工程定额计价实例

一、工程量计算规则

1.绿地整理

(1)伐树、挖树根区分胸径不同,以“株”计算;

(2)砍挖灌木丛,按数量以“丛”计算;

(3)清除草皮以“平方米”计算;

(4)整理绿化地以“平方米”计算;

(5)原土过筛按体积以“立方米”计算。

2.栽植工程量计算规则

(1)乔木按带土球和裸根分别区分土球直径和胸径不同以“株”计算;

(2)灌木按带土球和裸根分别区分土球直径和冠丛高度不同以“株”计算;

(3)双排以内绿篱，区分单、双排及篱高以“米”计算，双排以上绿篱，视为片植，区分高度以“平方米”计算；

(4)草皮按“平方米”计算；

(5)露地花卉按“平方米”计算。盆花摆设应区分盆径尺寸及艺术造型，以“盆”计算；

(6)色带按“平方米”计算；

(7)水生植物区分塘植与盆植按“株/丛”计算；

(8)散生竹应区分胸径不同，按数量以“株”计算；丛生竹应区分根盘丛径不同，按数量以“丛”计算；

(9)攀缘植物应区分地径不同，以“株”计算；

(10)树木支撑应区分支撑材料以“株”计算；

(11)草绳绕树干应分胸径不同，按缠绕树干高度以“米”计算；

(12)换土工程：乔木、灌木、攀缘植物以“株”计算；草坪、花卉按换土面积以“平方米”计算；

(13)花卉防寒应区分高培土、低培土按数量以“株”计算；

(14)乔木、果树、花灌木、常绿树合理损耗率为1.5%。绿篱、攀缘植物合理损耗率2%。草坪、木本花卉、地被植物合理损耗率4%。草花合理损耗率10%。

3.养护工程量计算规则

(1)乔木、灌木、攀缘植物以“株”计算；

(2)草皮、色带、花卉以“平方米”计算；

(3)单、双排绿篱以“米”计算；

(4)片植绿篱以“平方米”计算；

(5)水生植物塘植按种植面积计算；

(6)水生植物养护分塘植、盆植，塘植以“丛”计算，盆植以“盆”计算；

(7)攀缘植物养护按覆盖面积以“平方米”计算；

(8)草坪养护分普通型、运动型，按实际养护面积以“平方米”计算；

(9)花坛养护分普通花坛、彩纹图案花坛以“平方米”计算。花坛内乔木及绿篱以外、高度100 cm以上的灌木，应另套相应养护项目，计算花坛时不扣除其所占面积。

4.绿地喷灌

(1)管道按中心线长以“米”计算；

(2)阀门区分规格及连接方式，以“个”计算；

(3)水表以“组”计算；

(4)喷头，以“个”计算；

(5)管道除锈、刷油按面积以“平方米”计算；

(6)填砂按设计图示尺寸体积以“立方米”计算。

二、绿化种植工程定额计价实例

××公园一角绿化地面积5 000 m^2，绿化种植工程植物配置见表2-2-1，包括乔木、灌木、草坪、花卉等。套用《河北省园林绿化工程消耗量定额》(2013版)，完成绿化种植工程定额计价。主材价格可参照当地工程造价信息。

表 2-2-1　绿化种植工程植物配置表

序号	分项工程名称	单位	工程数量	规格
1	栽植油松	株	44	实生苗，高 400 cm，冠形丰满
2	栽植水蜡球	株	42	冠幅 120～150 cm，高 150 cm 以上
3	连翘	株	40	丛生，5～6 分枝，高 200 cm 以上，冠幅 150 cm 以上
4	玫瑰	m^2	300	株高 40～50 cm，冠幅 30～40 cm，6 株/m^2
5	满铺冷季型草坪	m^2	1 000	

1. 种植图识读

园林植物种植设计图是用相应的平面图例在图纸上表示设计植物的种类、数量、规格以及园林植物的种植位置。通常还在图面上适当的位置用列表的方式绘制苗木统计表，具体统计并详细说明设计植物的编号、图例、种类、规格（包括树干直径、高度或冠幅）和数量等。

园林植物种植设计图识读步骤如下：

(1)看标题栏、比例、指北针（或风玫瑰图）及设计说明。依据这些内容可以了解工程名称、性质和所处方位（及主导风向），明确工程的目的、设计意图和范围，了解绿化施工后应达到的效果。

(2)看植物图例、编号、苗木统计表及文字说明。依据图纸中各植物的编号，对照苗木统计表及技术说明，了解植物的种类、名称、规格和数量等，是园林工程放工和编制工程预算的依据。

(3)看图纸中植物种植位置及配置方式。根据植物的种植位置及配置方式，分析种植设计方案是否合理。了解植物种植位置与建（构）筑物和市政管线之间的距离是否符合有关设计规范的规定等技术要求。

(4)看植物的种植规格和定位尺寸。根据植物的种植规格和定位尺寸，明确定点放线的基准。

(5)看植物种植详图。根据植物种植详图，明确具体种植要求，合理组织种植施工。

2. 工程量计算分析

依据现行定额项目划分，划分工程项目，依据计量单位，写出计算过程。

(1)起挖、栽植、养护油松：工程量按总量计算，消耗率 1.5%，以株计算，44×(1+1.5%)=46(株)，草绳绕树干，工程量以米计算，44×1.2=52.80 (m)

(2)起挖、栽植、养护水蜡球：工程量按总量计算，消耗率 1.5%，以株计算，42×(1+1.5%)=43(株)

(3)起挖、栽植、养护连翘：工程量按总量计算，消耗率 1.5%，以株计算，40×(1+1.5%)=41(株)

(4)起挖、栽植、养护玫瑰：工程量按总量计算，消耗率 4%，以平方米计算，300×(1+4%)=312 (m^2)

(5)起挖、栽植、养护满铺冷季型草：工程量按总量计算，消耗率 4%，以平方米计算，1 000×(1+4%)=1 040 (m^2)

3. 工程量计算表

根据以上工程量计算过程分析，通过列表方式计算工程量。先填写分部分项工程名称、列出计算式、调整计量单位，得出工程数量，最后校核。工程量计算表见表 2-2-2。

表 2-2-2　绿化种植工程量计算表

序号	分项工程名称	单位	计算式	数量
1	起挖油松	株	44×(1+1.5%)=46(株)	46
2	栽植油松	株	44×(1+1.5%)=46(株)	46
3	树木支撑	株	44×(1+1.5%)=46(株)	46
4	草绳绕树干	m	44×1.2=52.80 (m)	52.80
5	养护油松	株	44×(1+1.5%)=46(株)	46
6	油松涂白	株	44×(1+1.5%)=46(株)	46
7	起挖水蜡球	株	42×(1+1.5%)=43(株)	43
8	栽植水蜡球	株	42×(1+1.5%)=43(株)	43
9	养护水蜡球	株	42×(1+1.5%)=43(株)	43
10	起挖连翘	株	40×(1+1.5%)=41(株)	41
11	栽植连翘	株	40×(1+1.5%)=41(株)	41
12	养护连翘	株	40×(1+1.5%)=41(株)	41
13	栽植玫瑰	m^2	300×(1+4%)=312 (m^2)	312
14	养护玫瑰	m^2	300×(1+4%)=312 (m^2)	312
15	玫瑰换土	m^2	300×(1+4%)=312 (m^2)	312
16	起挖冷季型草坪	10 m^2	1 000×(1+4%)=1 040 (m^2)	104
17	栽植冷季型草坪	10 m^2	1 000×(1+4%)=1 040 (m^2)	104
18	养护冷季型草坪	m^2	1 000×(1+4%)=1 040 (m^2)	1 040
19	冷季型草换土坪	10 m^2	1 000×(1+4%)=1 040 (m^2)	104

4. 工程计价表

工程量校核后，根据地区的预算定额，套用定额基价，计算定额直接费。先抄写分项工程名称、定额编号、单位。当借用其他定额时，定额编号必须区分。再抄写基价、人工费单价、材料费单价、机械费单价。然后计算定额直接费、人工费、机械费等。实体项目预算表见表 2-2-3，措施项目预算表见表 2-2-4，人才机汇总表见表 2-2-5，材料、机械、设备增值税计算表见表 2-2-6，单位工程费汇总表见表 2-2-7。

表 2-2-3 实体项目预算表

序号	定额编号	项目名称	单位	数量	单价(元)	其中:(元)			合价(元)	其中:(元)		
						人工费	材料费	机械费		人工费	材料费	机械费
1	1-28	整理绿化用地	10 m²	300.00	32.47	29.22	3.25		9 741.00	8 766.00	975.00	
2	1-57	起挖油松,土球直径(100 cm 以内)	株	46.00	201.63	84.66	75.14	41.83	9 274.98	3 894.36	3 456.44	1 924.18
3	1-77	栽植油松,土球直径(100 cm 以内)	株	46.00	93.84	61.86	2.70	29.28	4 316.64	2 845.56	124.20	1 346.88
4	1-276	后期管理费,油松	株·年	46.00	52.73	39.60	9.19	3.94	2 425.58	1 821.60	422.74	181.24
5		主材:油松	株	46.00	1 800.00				82 800.00			
6	1-112	起挖水蜡球,土球直径(60 cm 以内)	株	43.00	41.10	21.60	19.50		1 767.30	928.80	838.50	
7	1-126	栽植水蜡球,土球直径(60 cm 以内)	株	43.00	25.44	24.54	0.90		1 093.92	1 055.22	38.70	
8	1-282	后期管理费,水蜡球	株·年	43.00	47.76	42.54	3.07	2.15	2 053.68	1 829.22	132.01	92.45
9		主材:水蜡球	株	43.00	50.00				2 150.00			
10	1-114	起挖连翘,土球直径(80 cm 以内)	株	41.00	108.44	44.34	39.00	25.10	4 446.04	1 817.94	1 599.00	1 029.10
11	1-128	栽植连翘,土球直径(80 cm 以内)	株	41.00	67.31	40.86	1.35	25.10	2 759.71	1 675.26	55.35	1 029.10
12	1-282	后期管理费,连翘	株·年	41.00	47.76	42.54	3.07	2.15	1 958.16	1 744.14	125.87	88.15
13		主材:连翘	株	41.00	60.00				2 460.00			
14	1-201	露地花卉栽植,玫瑰	10 m²	31.20	83.27	63.06	20.21		2 598.02	1 967.47	630.55	
15	1-273	花卉换土,厚度 0.3 m,玫瑰	10 m²	31.20	104.30	54.06	49.50	0.74	3 254.16	1 686.67	1 544.40	23.09
16	1-289	后期管理费,玫瑰	m²·年	312.00	8.01	1.74	4.22	2.05	2 499.12	542.88	1316.64	639.60
17		主材:玫瑰	m²	312.00	18.00				5 616.00			
18	1-232	起挖草皮	10 m²	104.00	10.50	10.50			1 092.00	1 092.00		
19	1-234	草皮铺种,满铺	10 m²	104.00	80.10	72.60	7.50		8 330.40	7 550.40	780.00	
20	1-287	后期管理费,冷草	m²·年	1 040.00	15.14	2.94	9.61	2.59	15 745.60	3 057.60	9 994.40	2 693.60
21	1-273	草坪换土,厚度 0.3 m	10 m²	104.00	104.30	54.06	49.50	0.74	10 847.20	5 622.24	5 148.00	76.96
22		主材:冷季型草坪	m²	1 040.00	30.00				31 200.00			
		合计							208 429.51	47 897.36	151 407.80	9 124.35

表 2-2-4 措施项目预算表

项目编号	项目名称	单位	数量	单价(元)	合价(元)	其中:(元)		
						人工费	材料费	机械费
5-1	冬季施工增加费(绿化工程)	项	1.00	240.58	240.58	131.75	80.19	28.64
4-16	树木支撑(原木桩),三脚桩,3 m	株	46.00	25.34	1165.64	107.64	1 058.00	
4-29	草绳绕树干(胸径 10 cm 以内)	m	52.80	15.34	809.95	123.55	686.40	
4-38	树干刷涂白剂 1.5 m 高(树干胸径 10 cm 以内)	10 株	4.60	9.84	45.26	27.60	17.66	
	合计							

表 2-2-5 人工、材料、机械台班(用量、单价)汇总表

编码	名称及型号规格	单位	数量	预算价(元)	市场价(元)	市场价合计(元)	价差合计(元)
人工							
10000002	综合用工二类	工日	802.60	60.00	74.00	59 392.59	11 236.44
CSRGF	措施费中的人工费	元	131.75	1.00	1.00	131.74	
材料							
CD1Y0056	种植土	m^3	405.60	16.50	16.50	6 692.4	
CSCLF	措施费中的材料费	元	80.19	1.00	1.00	80.192 7	
IF2-0102	镀锌铁丝 10#	kg	4.60	5.00	5.00	23	
IF2-2001	镀锌铁丝 8#~12#	kg	46.46	5.90	5.90	274.114	
LY1-0177	草坪肥	kg	104.00	2.53	2.53	263.12	
LY1-0178	尿素	kg	2.08	2.64	2.64	5.491 2	
LY1-0179	农药	kg	81.90	30.80	30.80	2 522.52	
YL1-0005	涂白剂	kg	7.36	2.40	2.40	17.664	
YL1-0008	原木杆长 3 m	根	138.00	7.50	7.50	1 035	
ZA1-0002	水	m^3	2 014.07	5.00	5.00	10 070.37	
ZB1-0011	麻袋	m^2	50.60	3.80	3.80	192.28	
ZB1-0013	草绳	kg	1 090.60	6.50	6.50	7 088.9	
ZG1-0001	其他材料费	元	136.50	1.00	1.00	136.5	
ZL1-3008	肥料	kg	32.33	1.80	1.80	58.197 6	
ZL1-3049	有机肥(土堆肥)	m^3	1.97	285.00	285.00	560.196	
机械							
90000002	机械费	元	9 124.35	1.00	1.00	9 124.348	
CSJXF	措施费中的机械费	元	28.64	1.00	1.00	28.640 3	
未计价材料							
	油松	株	46.00	1 800.00	1 800.00	82 800	
	水蜡球	株	43.00	50.00	50.00	2 150	
	连翘	株	41.00	60.00	60.00	2 460	
	玫瑰	m^2	312.00	18.00	18.00	5 616	
	冷季型草坪	m^2	1 040.00	30.00	30.00	31200	
LY1-0011	花苗	株	1 965.60				
LY1-0172	草皮	m^2	1 144.00				

表 2-2-6 材料、机械、设备增值税计算表

编码	名称及型号规格	单位	数量	除税系数(%)	含税价格(元)	含税价格合计(元)	除税价格(元)	除税价格合计(元)	进项税额合计(元)	销项税额合计(元)
	连翘	株	41.00		60.00	2 460	60.00	2 460		270.60
	油松	株	46.00		1 800.00	82 800	1 800.00	82 800		9 108.00
	冷季型草坪	m^2	1 040.00		30.00	31 200	30.00	31200		3 432.00
	水蜡球	株	43.00		50.00	2 150	50.00	2150		236.50
	玫瑰	m^2	312.00		18.00	5 616	18.00	5616		617.76
CD1Y0056	种植土	m^3	405.60	2.86	16.50	6 692.4	16.03	6 501	191.40	715.11
CSCLF	措施费中的材料费	元	80.19	6.00	1.00	80.19	0.94	75.38	4.81	8.29
IF2-0102	镀锌铁丝 10#	kg	4.60	14.25	5.00	23	4.29	19.72	3.28	2.17
IF2-2001	镀锌铁丝 8#～12#	kg	46.46	14.25	5.90	274.11	5.06	235.05	39.06	25.86
LY1-0011	花苗	株	1 965.60	11.28			0.00			
LY1-0172	草皮	m^2	1 144.00	11.28			0.00			
LY1-0177	草坪肥	kg	104.00	11.28	2.53	263.12	2.24	233.44	29.68	25.68
LY1-0178	尿素	kg	2.08	11.28	2.64	5.49	2.34	4.87	0.62	0.54
LY1-0179	农药	kg	81.90	11.28	30.80	2 522.52	27.33	2 237.98	284.54	246.18
YL1-0005	涂白剂	kg	7.36	14.25	2.40	17.66	2.06	15.14	2.52	1.67
YL1-0008	原木杆长 3 m	根	138.00	14.25	7.50	1 035	6.43	887.51	147.49	97.63
ZA1-0002	水	m^3	2 014.07	2.86	5.00	10 070.37	4.86	9 782.36	288.01	1 076.06
ZB1-0011	麻袋	m^2	50.60	14.25	3.80	192.28	3.26	164.88	27.40	18.14
ZB1-0013	草绳	kg	1 090.60	14.25	6.50	7 088.9	5.57	6 078.73	1 010.17	668.66
ZG1-0001	其他材料费	元	136.50		1.00	136.5	1.00	136.5		15.02
ZL1-3008	肥料	kg	32.33	11.28	1.80	58.2	1.60	51.64	6.56	5.68
ZL1-3049	有机肥(土堆肥)	m^3	1.97	11.28	285.00	560.2	252.85	497.01	63.19	54.67
90000002	机械费	元	9 124.35	10.870 0	1.00	9 124.35	0.89	8 132.53	991.82	894.58
CSJXF	措施费中的机械费	元	28.64	4.000 0	1.00	28.64	0.96	27.49	1.15	3.02
合计	/	/	/	/	/	162 398.93	/	159 307.23	3 091.70	17 523.82

表 2-2-7 单位工程造价汇总表

序号	项目名称	计算基础	费用金额(元)
1	直接费		210 690.94
2	其中:人工费	各专业合计	48 287.90
3	其中:材料费	各专业合计	29 024.05
4	其中:机械费	各专业合计	9 152.99
5	其中:未计价材料费	各专业合计	124 226.00
6	其中:设备费		
7	直接费中的人工费+机械费		57 440.89
8	企业管理费	各专业合计	4 020.86
9	规费	各专业合计	4 997.36
10	利润	各专业合计	2 297.64
11	价款调整		11 242.31
12	其中:价差		11 242.31
13	其中:独立费		
14	安全生产、文明施工费		8 980.09
15	税前工程造价		242 229.20
16	其中:进项税额		3 473.48
17	材料费、机械费、设备费价差进项税额		
18	甲供材料、甲供设备的采保费		
19	销项税额		26 263.13
20	增值税应纳税额		22 789.65
21	附加税费		3 076.60
22	税金		25 866.25
23	工程造价		268 095.45

5. 总结绿化定额计价方法

园林绿化工程计价方法，可以采用手算工程量，计价软件完成工程造价。

第三节 园路工程定额计价实例

一、工程量计算规则

(1)园路土基整理路床工程量按整理路床面积计算，不包括路牙面积。

(2)园路垫层工程量以垫层的体积计算，基础垫层体积按垫层宽度两边各放宽 5 cm 乘以垫层厚度计算。

(3)园路按设计图示尺寸，以"平方米"计算，园路如有坡度时，工程量以斜面积计算。相应规定如下：

①各种园路面层按设计图示尺寸以"平方米"计算。坡道园路带踏步者，其踏步部分应扣除，并另按台阶计算。

②园路地面应扣除面积大于 0.5 m^2 的树池、花坛等所占面积，但不扣除路牙所占面积。

③卵石拼花、拼字路面均按花或字的外接矩形或圆形面积计算工程量。

(4)树池围牙按设计图示长度以"延长米"计算，树池盖板按套计算。

(5)嵌草砖铺装按设计图示面积以"平方米"计算，不扣除漏空部分的面积。

(6)路牙，按单侧长度以"米"计算。

二、园路工程定额计价实例

图 2-3-1 为某林荫广场铺装图，包括大样图、断面图，有三种面层材料，分别为陶红色荷兰形地砖、土褐色荷兰形地砖、棕黄色方形地砖。按照现行《河北省园林绿化工程消耗量定额》(2013 版)的有关内容计算广场铺装工程量。套用《河北省园林绿化工程价目表》，完成广场铺装工程定额计价。

1. 园路施工图识读

园路硬化铺装施工图一般缩写为"硬施(YS)"。园路铺装施工图一般包括铺装设计说明、铺装索引平面图、放线平面图、铺装详图。

施工图识图流程如下：

(1)看目录。了解图纸组成，图纸的内容，大体有多少张图，多大尺寸的图纸。

(2)看设计说明。了解图纸的设计理念，通用说明，施工要求等。

(3)先浏览总平面图，重点关注索引图。

(4)根据索引总平面，逐一浏览相关节点，根据节点图索引查看节点大样图。

(5)从平面图中了解比例、位置、平面形状、平面大小。

(6)从园路竖向图了解断面形状、结构材料、做法及各构造层的厚度。

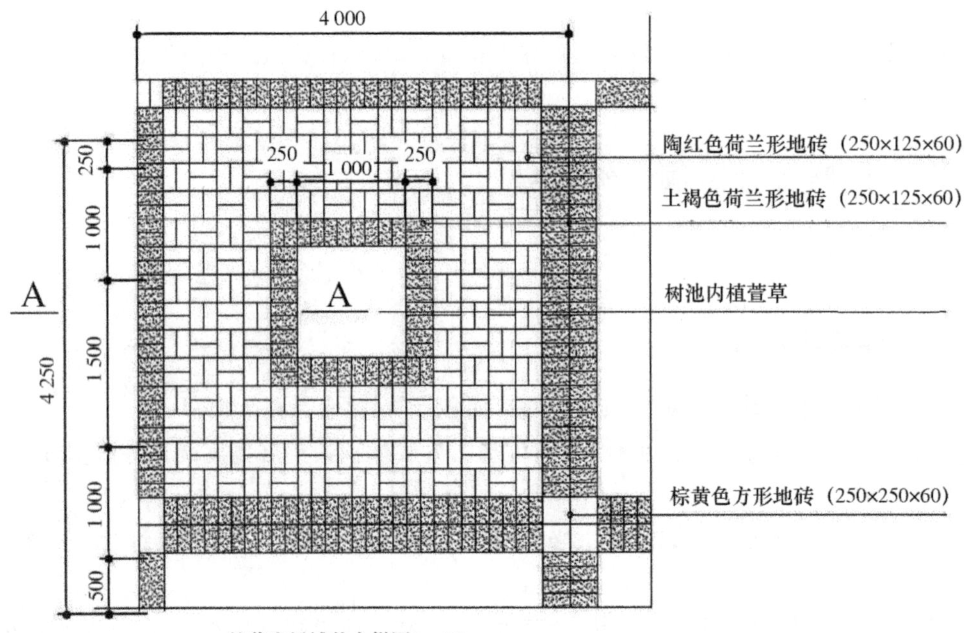

林荫广场铺装大样图1：50

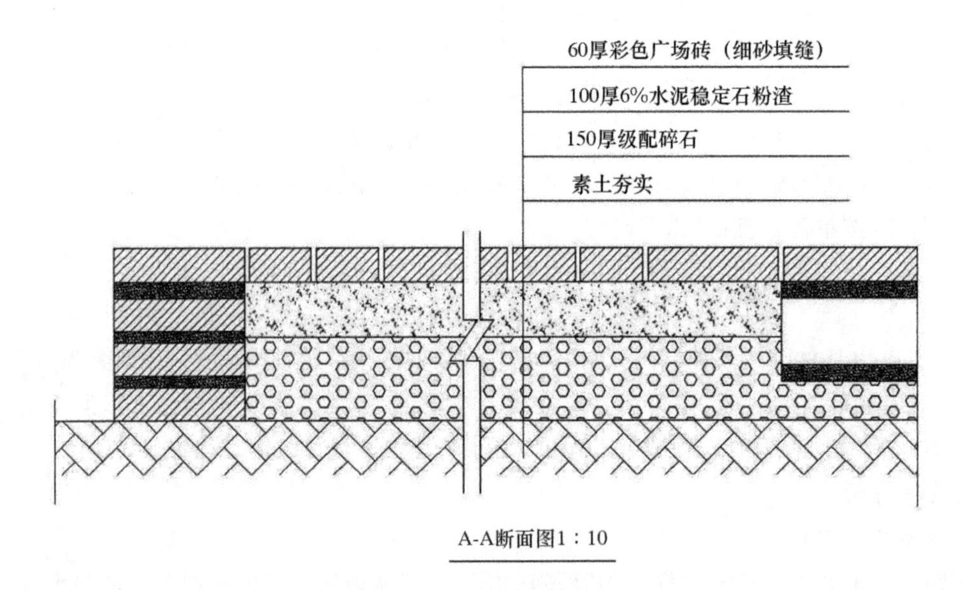

A-A断面图1：10

图 2-3-1 园路铺装图

2. 工程量计算分析

结合现行定额项目，划分工程项目，依据计量单位，写出计算过程。

(1)园路土基，整理路床：工程量按每边各加宽 5 cm，以平方米计算，(4.25＋0.5＋0.1)×(4＋0.75＋0.1)＝23.523(m^2)

(2)150 厚级配碎石：垫层工程量按每边各加宽 5 cm，以立方米计算，(4.25＋0.5＋0.1)×(4＋0.75＋0.1)×0.15＝3.528(m^3)

(3)100 厚 6％水泥石渣粉：垫层工程量按每边各加宽 5 cm，以立方米计算，(4.25＋0.5＋

0.1)×(4+0.75+0.1)×0.1=2.352(m^3)

(4)陶红色荷兰形地砖:面层按实铺面积,以平方米计算,(4-0.5)×(4-0.5)-1.5×1.5=10(m^2)

(5)土褐色荷兰形地砖:面层按实铺面积,以平方米计算,(4-0.25)×0.25+4×0.25+4.75×0.5+3.5×0.5=6.063(m^2)

(6)棕黄色方形地砖:面层按实铺面积,以平方米计算,4×0.5+4×0.5+0.25×0.5×2+0.25×0.25=4.313(m^2)

3.工程量计算表

根据以上工程量计算过程分析,通过列表方式计算工程量。先填写分部分项工程名称、列出计算式、调整计量单位,得出工程数量,最后校核。工程量计算表见表2-3-1。

表2-3-1 广场园路工程量计算表

序号	分部分项工程名称	单位	计算式	数量
1	园路土基,整理路床	10 m^2	(4.25+0.5+0.1)×(4+0.75+0.1)=23.523(m^2)	2.35
2	150厚级配碎石	10 m^3	(4.25+0.5+0.1)×(4+0.75+0.1)×0.15=3.528(m^3)	0.35
3	100厚6%水泥石渣粉	10 m^3	(4.25+0.5+0.1)×(4+0.75+0.1)×0.1=2.352(m^3)	0.24
4	陶红色荷兰形地砖	10 m^2	(4-0.5)×(4-0.5)-1.5×1.5=10(m^2)	1
5	土褐色荷兰形地砖	10 m^2	(4-0.25)×0.25+4×0.25+4.75×0.5+3.5×0.5=6.063(m^2)	0.61
6	棕黄色方形地砖	10 m^2	4×0.5+4×0.5+0.25×0.5×2+0.25×0.25=4.313(m^2)	0.43

4.工程计价表

工程量校核后,根据地区的预算定额,套用定额基价,计算定额直接费。先抄写分项工程名称、定额编号、单位。当借用其他定额时,定额编号必须区分。再抄写基价、人工费单价、材料费单价、机械费单价。然后计算定额直接费、人工费、机械费等。实体项目预算表见表2-3-2,人才机汇总表见表2-3-3,材料、机械、设备增值税计算表见表2-3-4,单位工程造价汇总表见表2-3-5,没有可竞争措施费用。

表 2-3-2 实体项目预算表

序号	定额编号	项目名称	单位	数量	单价（元）	其中:（元）			合价（元）	其中:（元）		
						人工费	材料费	机械费		人工费	材料费	机械费
1	2-1	园路土基,整理路床	10 m^2	2.35	26.28	26.28			61.81	61.81		
2	2-4	基础垫层,碎石	10 m^3	0.35	1 082.96	405.00	669.90	8.06	382.29	142.97	236.47	2.85
3	2-5	基础垫层,混凝土	10 m^3	0.24	2 930.17	935.40	1 919.66	75.11	688.59	219.82	451.12	17.65
4	2-30	路面铺筑,广场砖铺装（陶红色地砖）	10 m^2	1.00	251.28	191.40	50.20	9.68	251.28	191.40	50.20	9.68
5		主材:陶红色地砖	m^2	10.00	98.00				980.00			
6	2-30	路面铺筑,广场砖铺装（土褐色地砖）	10 m^2	0.61	251.28	191.40	50.20	9.68	152.28	115.99	30.42	5.87
7		主材:土褐色地砖	m^2	6.06	138.00				836.69			
8	2-30	路面铺筑,广场砖铺装	10 m^2	0.43	251.28	191.40	50.20	9.68	108.30	82.49	21.64	4.17
9		主材:棕黄色方形地砖	m^2	4.31	240.00				1 035.12			

表 2-3-3 人工、材料、机械台班(用量、单价)汇总表

编码	名称及型号规格	单位	数　量	预算价（元）	市场价（元）	市场价合计（元）	价差合计（元）
人工							
10000002	综合用工二类	工日	13.57	60.00	74.00	1 004.53	190.05
CSRGF	措施费中的人工费	元		1.00	1.00		
材料							
BB1-0101	水泥 32.5	t	0.93	360.00	360.00	333.89	
BC3-0030	碎石	t	2.87	42.00	42.00	120.62	
BC3-2008	碎石	m^3	5.63	42.00	42.00	236.48	
BC4-0013	中砂	t	2.78	30.00	30.00	83.36	
CSCLF	措施费中的材料费	元		1.00	1.00		
ZA1-0002	水	m^3	2.01	5.00	5.00	10.03	
ZG1-0001	其他材料费	元	5.46	1.00	1.00	5.46	
机械							
90000002	机械费	元	40.21	1.00	1.00	40.21	
CSJXF	措施费中的机械费	元		1.00	1.00		
未计价材料							
	陶红色地砖	m^2	10.00	98.00	98.00	980	
	土褐色地砖	m^2	6.06	138.00	138.00	836.69	
	棕黄色方形地砖	m^2	4.31	240.00	240.00	1 035.12	
BD3-0009	广场砖	m^2	18.05				

表 2-3-4 材料、机械、设备增值税计算表

编码	名称及型号规格	单位	数量	除税系数(%)	含税价格(元)	含税价格合计(元)	除税价格(元)	除税价格合计(元)	进项税额合计(元)	销项税额合计(元)
	棕黄色方形地砖	m²	4.31		240.00	1 035.12	240.00	1 035.12		113.86
	土褐色地砖	m²	6.06		138.00	836.69	138.00	836.69		92.04
	陶红色地砖	m²	10.00		98.00	980.00	98.00	980.00		107.80
BB1-0101	水泥 32.5	t	0.93	14.25	360.00	333.83	308.70	286.26	47.57	31.49
BC3-0030	碎石	t	2.87	2.86	42.00	120.62	40.80	117.17	3.45	12.89
BC3-2008	碎石	m³	5.63	2.86	42.00	236.48	40.80	229.72	5.76	25.27
BC4-0013	中砂	t	2.78	2.86	30.00	83.36	29.14	80.98	2.38	8.91
BD3-0009	广场砖	m²	18.05	14.25			0.00			
CSCLF	措施费中的材料费	元		6.00	1.00		0.00			
ZA1-0002	水	m³	2.01	2.86	5.00	10.03	4.85	9.74	0.29	1.07
ZG1-0001	其他材料费	元	5.46		1.00	5.46	1.00	5.46		0.60
90000002	机械费	元	40.21	10.870 0	1.00	40.21	0.89	35.84	4.37	3.94
CSJXF	措施费中的机械费	元		4.000 0	1.00		0.00			
合计	/	/	/	/	/	3 681.80	/	3 616.98	64.82	397.87

表 2-3-5　单位工程造价汇总表

序号	项目名称	计算基础	费用金额(元)
1	直接费		4 496.36
2	其中:人工费	各专业合计	814.48
3	其中:材料费	各专业合计	789.85
4	其中:机械费	各专业合计	40.22
5	其中:未计价材料费	各专业合计	2 851.81
6	其中:设备费		
7	直接费中的人工费+机械费		854.70
8	企业管理费	各专业合计	85.47
9	规费	各专业合计	89.74
10	利润	各专业合计	51.28
11	价款调整		190.04
12	其中:价差		190.04
13	其中:独立费		
14	安全生产、文明施工费		189.15
15	税前工程造价		5 102.04
16	其中:进项税额		72.70
17	材料费、机械费、设备费价差进项税额		
18	甲供材料、甲供设备的采保费		
19	销项税额		553.23
20	增值税应纳税额		480.53
21	附加税费		64.87
22	税金		545.40
23	工程造价		5 647.44

园路工程计价方法，规则的园路，可以采用手算工程量，计价软件套定额完成工程造价。不规则的园路，手算工程量有困难时，可以采用CAD辅助算量，绘制多段线框选得到路面的面积。

第四节 假山工程定额计价实例

一、工程量计算规则

1. 堆砌假石山

(1)堆砌假山的工程量按实际堆砌石料重量"吨"计算，计算公式：堆砌假山工程量＝进料的验收数量－进料剩余数(t)。基础另套定额。

(2)堆筑土山丘，按设计图示山坡水平投影外接矩形的面积乘以高度的1/3，以体积"立方米"计算；

(3)石笋、点风景石、布置景石按单体石料体积乘以石料密度以"吨"计算。公式 $W_{单}=LBHR$

式中：$W_{单}$—山石单体质量，单位为t；

L—长度方向的平均值，单位为m；

B—宽度方向的平均值，单位为m；

H—高度方向的平均值，单位为m；

R—石料比重(湖石为2.2 t/m^3，黄(杂)石2.6 t/m^3)。

(4)池山、盆景山按设计图示数量计算；

(5)山石护角、山坡石台阶按设计图示尺寸以"立方米"计算。

2. 塑假石山

(1)砖骨架塑假石山工程量按不同高度，以塑假石山的外围表面积计算，计量单位为10 m^2；

(2)钢骨架钢网塑假石山的工程量按其外围表面积计算，计量单位为10 m^2。

二、假山工程定额计价实例

图2-4-1为××公园一角假山施工示意图，包括平面图、立面图、台座剖面图。按照现行《河北省园林绿化工程消耗量定额》(2013版)的有关内容计算假山工程量；套用《河北省园林绿化工程价目表》《河北省装饰工程消耗量定额》(2013版)等，完成假山工程定额计价。

1. 假山施工图识读

假山施工图是指导假山施工的技术性文件，作假山施工图是为了清楚地反映假山的设计，便于指导施工。

假山施工图的内容包括平面图、立面图、剖面图、基础图、做法说明，较高要求的细部，还应绘制施工详图。

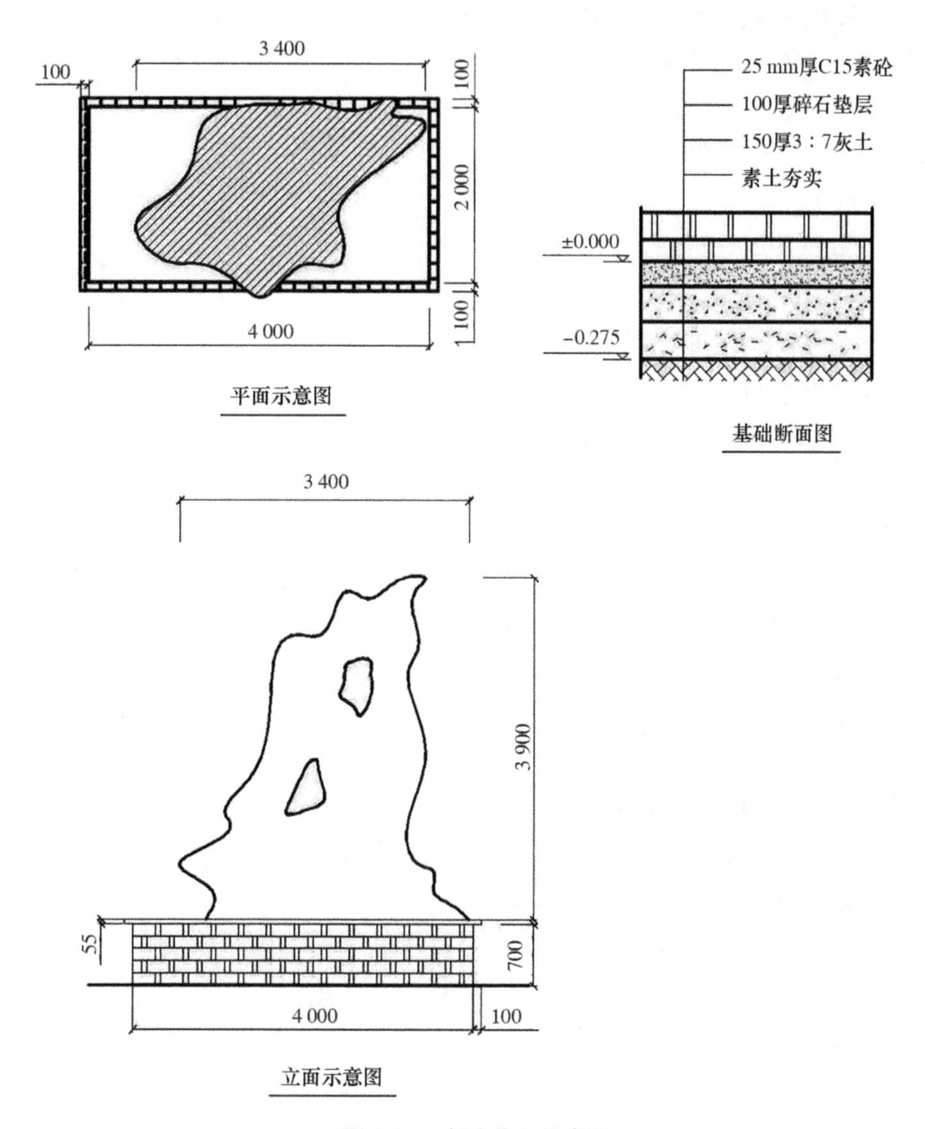

图 2-4-1 假山施工示意图

假山施工图的识读步骤如下：

(1)看标题栏和说明。从标题栏和说明中了解工程名称、材料和技术要求。

(2)看平面图。从平面图中了解比例、假山方位、轴线编号，明确假山在总平面图中的位置、平面形状、平面大小及其周围地形。

(3)看立面图。从立面图中了解山体各部位的立面形状及其高度，结合平面图识读其前后层次及布局特点，领会造型特征。

(4)看剖面图。对照平面图的剖切位置、轴线编号，了解断面形状、结构材料、做法及各部位高度。

(5)看基础平面图和基础剖面图。了解基础平面形状、大小、结构、材料、做法等。

2. 工程量计算分析

结合现行定额项目,划分工程项目,依据计量单位,写出计算过程。

(1)挖地坑:以立方米计算,

$4\times2\times(0.025+0.1+0.15)=2.2(m^3)$

(2)地坑夯实:以平方米计算,

$4\times2=8(m^2)$

(3)150 mm 厚 3:7灰土:以立方米计算,

$4\times2\times0.15=1.2(m^3)$

(4)100 mm 厚碎石层:以立方米计算,

$4\times2\times0.1=0.8(m^3)$

(5)25 mm 厚素混凝土:以立方米计算,

$4\times2\times0.025=0.2(m^3)$

(6)砖砌台座:以立方米计算,

$[(4-0.12\times2)+(2-0.12\times2)]\times2\times0.24\times0.7=1.855(m^3)$

(7)台座上的混凝土边沿,按压顶考虑,混凝土边沿:以立方米计算,

$(4+0.1\times2)\times(0.24+0.1)\times2\times0.055+2\times(0.24+0.1)\times2\times0.055=0.23(m^3)$

(8)模板:以平方米计算,

底边模板:$(4+0.1\times2)\times0.1\times2+2\times0.1\times2=1.24(m^2)$

外边模板:$[(4+0.1\times2)+(2+0.1\times2)]\times2\times0.055=0.70(m^2)$

内边模板:$[(4-0.24\times2)+(2-0.24\times2)]\times2\times0.055=0.55(m^2)$

模板总面积:$1.24+0.70+0.55=2.49(m^2)$

(9)砖外墙抹灰:以平方米计算,

$(4+2)\times2\times0.7=8.40(m^2)$

(10)景石重量:

$W_{单}=LBH\rho$

式中:$W_{单}$—山石单体质量,单位为 t;

L—长度方向的平均值,单位为 m;

B—宽度方向的平均值,单位为 m;

H—高度方向的平均值,单位为 m;

ρ—石料密度(湖石为 2.2 t/m^3)。

景石重量:$W_{单}=LBH\rho=3.1\times2.2\times3.7\times2.2=55.52(t)$

3. 工程量计算表

根据以上工程量计算过程分析,通过列表方式计算工程量。先填写分部分项工程名称、列

出计算式、调整计量单位，得出工程数量，最后校核。工程量计算表见表 2-4-1。

表 2-4-1　点石风景工程量计算表

序号	分项工程名称	单位	数量	计算式
1	挖地坑	100 m^3	0.022	4×2×(0.025+0.1+0.15)=2.2(m^3)
2	素土夯实	100 m^2	0.08	4×2=8(m^2)
3	余土外运	100 m^3	0.022	2.2(m^3)
4	150 厚 3:7灰土	10 m^3	0.12	4×2×0.15=1.2(m^3)
5	100 厚碎石层	10 m^3	0.08	4×2×0.1=0.8(m^3)
6	25 厚素混凝土	10 m^3	0.02	4×2×0.025=0.2(m^3)
7	砖砌台座	10 m^3	0.186	[(4−0.12×2)+(2−0.12×2)]×2×0.24×0.7=1.855(m^3)
8	台座上的混凝土边沿	10 m^3	0.023	(4+0.1×2)×(0.24+0.1)×2×0.055+2×(0.24+0.1)×2×0.055=0.23(m^3)
9	混凝土边沿模板	100 m^2	0.025	1.24+0.70+0.55=2.49(m^2)
10	砖外墙抹灰	100 m^2	0.084	(4+2)×2×0.7=8.40(m^2)
11	景石	t	55.52	3.1×2.2×3.7×2.2=55.52(t)

4. 工程计价表

工程量校核后，根据地区的预算定额，套用定额基价，计算定额直接费。先抄写分项工程名称、定额编号、单位。当借用其他定额时，定额编号必须区分。再抄写基价、人工费单价、材料费单价、机械费单价。然后计算定额直接费、人工费、机械费等。实体项目预算表见表 2-4-2，措施项目预算表见表 2-4-3，人才机汇总表见表 2-4-4，材料、机械、设备增值税计算表见表 2-4-5，单位工程造价汇总表见表 2-4-6。

表 2-4-2　实体项目预算表

序号	定额编号	项目名称	单位	数量	单价（元）	其中:(元)			合价(元)	其中:(元)		
						人工费	材料费	机械费		人工费	材料费	机械费
1	1-19	人工挖地坑一、二类土，干土	m^3	2.20	16.45	16.45			36.19	36.19		
2	1-81	地坑原土打夯	10 m^2	0.80	5.87	5.03		0.84	4.69	4.02		0.67
3	1-69	人力车运土，运距在 50 m 以内	m^3	2.20	13.72	13.72			30.18	30.18		
4	1-87	基础垫层，灰土 3:7	10 m^3	0.12	1 198.16	446.78	736.49	14.89	143.78	53.61	88.38	1.79
5	1-92	基础垫层碎石	10 m^3	0.08	1 466.74	455.94	1 003.12	7.68	117.34	36.48	80.25	0.61
6	1-94	基础垫层混凝土	10 m^3	0.02	2 862.35	992.46	1 787.95	81.94	57.25	19.85	35.76	1.64
7	1-117	砖砌台座，零星砌体	m^3	1.86	407.69	158.22	242.61	6.86	756.27	293.50	450.04	12.73
8	1-186	压顶，混凝土	m^3	0.23	406.47	144.78	235.63	26.06	93.48	33.30	54.19	5.99
9	1-661	零星砌体，水泥砂浆底面	10 m^2	0.84	237.57	175.70	49.07	12.80	199.56	147.59	41.22	10.75
10	[56]3-7	堆砌湖石假山，高度 4 m 以内	t	55.52	701.21	513.72	166.96	20.53	38 931.18	28 521.73	9 269.62	1 139.83
		主材：湖石	t	55.52	450.00				24 984.00			
		合计							65 353.92	29 176.45	35 003.46	1 174.01

表 2-4-3 措施项目预算表

项目编号	项目名称	单位	数量	单价(元)	合价(元)	其中:(元)		
						人工费	材料费	机械费
4-122	现浇钢筋混凝土,压顶模板	m³	2.49	568.68	1 416.02	710.85	625.79	79.38
	合计				1 416.02	710.85	625.79	79.38

表 2-4-4 人工、材料、机械台班(用量、单价)汇总表

编码	名称及型号规格	单位	数量	预算价(元)	市场价(元)	市场价合计(元)	价差合计(元)
人工							
10000001	综合用工一类	工日	2.11	70.00	84.00	177.105 6	29.52
10000002	综合用工二类	工日	493.59	60.00	74.00	36 526.022 6	6 910.33
10000003	综合用工三类	工日	2.64	47.00	60.00	158.322	34.3
CSRGF	措施费中的人工费	元		1.00	1.00		
材料							
BA2C1016	木模板	m³	0.23	2 300.00	2 300.00	538.43	
BA2C1018	木脚手板	m³	0.22	2 200.00	2 200.00	488.62	
BA7-0029	毛竹	根	14.44	16.00	16.00	230.963 2	
BB1-0101	水泥 32.5	t	3.37	360.00	360.00	1 213.416	
BC1-0002	生石灰	t	0.33	290.00	290.00	96.57	
BC3-0030	碎石	t	7.29	42.00	42.00	306.289 2	
BC3-2014	碎石 40 mm	m³	1.07	61.00	61.00	65.001 6	
BC3-2020	条石	m³	5.55	95.00	95.00	527.44	
BC4-0013	中砂	t	10.65	30.00	30.00	319.539	
BC4-3009	二片石	m³	3.33	63.05	63.05	210.032 16	
BD1-3009	标准砖 240×115×53	百块	10.24	38.00	38.00	389.104 8	
BK1-0005	塑料薄膜	m²	3.36	0.80	0.80	2.686 4	
CSCLF	措施费中的材料费	元		1.00	1.00		
IA2-2010	圆钉	kg	13.45	6.00	6.00	80.676	
IE1-0202	铁件	kg	832.80	7.00	7.00	5 829.6	
LY1-0134	木撑费	元	56.63	1.00	1.00	56.630 4	
ZA1-0002	水	m³	17.84	5.00	5.00	89.187 5	
ZG1-0001	其他材料费	元	201.27	1.00	1.00	201.267 6	
机械							
90000002	机械费	元	1 253.39	1.00	1.00	1 253.389 9	
CSJXF	措施费中的机械费	元		1.00	1.00		
未计价材料							
BC2-0002	黏土	m³	1.42				
BC4-3011	湖石	t	55.52	450.00	450.00	24 984	
LF1-0019	含模量	m²	27.64				

表 2-4-5　材料、机械、设备增值税计算表

编码	名称及型号规格	单位	数量	除税系数（%）	含税价格（元）	含税价格合计（元）	除税价格（元）	除税价格合计（元）	进项税额合计（元）	销项税额合计（元）
BA2C1016	木模板	m³	0.23	14.25	2 300.00	538.43	1 972.23	461.7	76.73	50.79
BA2C1018	木脚手板	m³	0.22	14.25	2 200.00	488.62	1 886.49	418.99	69.63	46.09
BA7-0029	毛竹	根	14.44	14.25	16.00	230.96	13.72	198.05	32.91	21.79
BB1-0101	水泥 32.5	t	3.37	14.25	360.00	1 213.42	308.70	1 040.51	172.91	114.46
BC1-0002	生石灰	t	0.33	14.25	290.00	96.57	248.68	82.81	13.76	9.11
BC2-0002	黏土	m³	1.42	2.86			0.00			
BC3-0030	碎石	t	7.29	2.86	42.00	306.29	40.80	297.53	3.76	32.73
BC3-2014	碎石 40 mm	m³	1.07	2.86	61.00	65	59.25	63.14	1.86	6.95
BC3-2020	条石	m³	5.55	2.86	95.00	527.44	92.28	512.36	15.08	56.36
BC4-0013	中砂	t	10.65	2.86	30.00	319.54	29.14	310.4	9.14	34.14
BC4-3009	二片石	m³	3.33	2.86	63.05	210.03	61.25	204.02	5.01	22.44
BC4-3011	湖石	t	55.52	14.25	450.00	24 984	385.88	21 423.78	3 560.22	2 356.62
BD1-3009	标准砖 240×115×53	百块	10.24	14.25	38.00	389.1	32.58	333.65	55.45	36.70
BK1-0005	塑料薄膜	m²	3.36	14.25	0.80	2.69	0.69	2.31	0.38	0.25
CSCLF	措施费中的材料费	元		6.00	1.00		0.00			
IA2-2010	圆钉	kg	13.45	14.25	6.00	80.68	5.15	69.18	11.50	7.61
IE1-0202	铁件	kg	832.80	14.25	7.00	5 829.6	6.00	4 998.88	830.72	549.88
LF1-0019	含模量	m²	27.64	14.25			0.00			
LY1-0134	木撑费	元	56.63	4.00	1.00	56.63	0.96	54.36	2.27	5.98
ZA1-0002	水	m³	17.84	2.86	5.00	89.19	4.86	86.64	2.55	9.53
ZG1-0001	其他材料费	元	201.27		1.00	201.27	1.00	201.27		22.14
90000002	机械费	元	1 253.39	10.870 0	1.00	1 253.39	0.89	1 117.15	136.24	122.89
CSJXF	措施费中的机械费	元		4.000 0	1.00		0.00			

表 2-4-6　单位工程造价汇总表

序号	项目名称	计算基础	费用金额(元)
1	直接费		66 769.94
2	其中:人工费	各专业合计	29 887.30
3	其中:材料费	各专业合计	10 645.25
4	其中:机械费	各专业合计	1 253.39
5	其中:未计价材料费	各专业合计	24 984.00
6	其中:设备费		
7	直接费中的人工费+机械费		31 140.69
8	企业管理费	各专业合计	3 128.86
9	规费	各专业合计	3 269.77
10	利润	各专业合计	1 868.44
11	价款调整		6 974.27
12	其中:价差		6 974.27
13	其中:独立费		
14	安全生产、文明施工费		3 181.78
15	税前工程造价		85 193.06
16	其中:进项税额		5 181.39
17	材料费、机械费、设备费价差进项税额		
18	甲供材料、甲供设备的采保费		
19	销项税额		8 801.28
20	增值税应纳税额		3 619.89
21	附加税费		488.69
22	税金		4 108.58
23	工程造价		89 301.64

假山工程计价方法,根据施工工序,查找相应的定额工程量计算规则,手算工程量,计价软件套定额完成工程造价。

第五节　园林活动房工程定额计价实例

一、工程量计算规则

1. 土方工程定额相关规定及工程量计算

(1)工程量除注明者外，均按图示尺寸以实体积计算。

(2)挖土方：凡平整场地厚度在 30 cm 以上、槽底宽度在 3 m 以上和坑底面积在 20 m^2 以上的挖土，均按挖土方计算。

(3)挖地槽：凡槽底宽在 3 m 以内、槽长为槽宽 3 倍以上的挖土，按挖地槽计算。外墙地槽长度按其中心线长度计算，内墙地槽长度以内墙地槽的净长计算，宽度按图示宽度计算，凸出部分挖土量应予以增加。

挖地槽体积＝地槽断面积×地槽长度＝(基础垫层宽＋2 工作面宽＋边坡水平长)×地槽挖深×计算长度，即 $V_{挖地槽}=[(a+2c+kH)\times H]\times L$

式中：$V_{挖地槽}$—地槽体积，单位为 m^3；

L—地槽的计算长度，外槽按槽底中心线计算，内槽按槽底净长线计算，单位为 m^3；

a—基础垫层底边的宽度，单位为 m；

c—因施工需增加的工作面，见表 2-5-1，单位为 m，不需增加，$c=0$；

k—放坡系数，见表 2-5-2，若不需放坡，则 $k=0$；

H—地槽的设计深度，指自然地面至基础垫层底的深度，单位为 m。

表 2-5-1　基础工程施工所需工作面(c)参考表

基础材料	砖基础	毛石、条石基础	混凝土基础垫层支模板	混凝土基础支模板	基础垂直面做防水层
每边各增加工作面宽度(mm)	200	150	300	300	800 (防水层面)

表 2-5-2　挖地槽、地坑土方放坡系数(k)表

土壤类别	放坡起点深度(m)	人工挖土	机械挖土	
			在坑内作业	在坑上作业
普通土	1.35	1:0.42	1:0.29	1:0.71
坚土	2.00	1:0.25	1:0.10	1:0.33

(4)挖地坑：凡挖土底面积在 20 m^2 以内，槽宽在 3 m 以内，槽长小于槽宽 3 倍者按挖地坑计算。

①矩形坑(放坡时)，挖地坑的体积：

$V_{矩形1}=(a+2c+kH)\times(b+2c+kH)\times H+1/3k^2H^3$

式中：$V_{矩形1}$—矩形坑（放坡时），挖地坑的体积，单位为 m^3；

a、b—指坑底基础垫层的两个边长，单位为 m；

c—工作面的尺寸，单位为 m；

k—放坡系数，见表 2-5-2；

H—地坑深度，由自然地面至坑底深度，单位为 m。

②矩形坑（不放坡），挖地坑的体积：

$$V_{矩形2}=(a+2c)\times(b+2c)\times H$$

式中：$V_{矩形2}$—矩形坑（不放坡时），挖地坑的体积，单位为 m^3；

a、b—指坑底基础垫层的两个边长，单位为 m；

c—工作面的尺寸，单位为 m；

k—放坡系数，见表 2-5-2；

H—地坑深度，由自然地面至坑底深度，单位为 m。

③圆形坑（放坡时），挖地坑的体积：

$$V_{圆形1}=1/3\pi(R_1^2+R_2^2+R_1R_2)\times H$$

式中：$V_{圆形1}$—圆形坑放坡时，挖地坑的体积，单位为 m^3；

R_1—坑底半径，单位为 m；

R_2—坑口半径，单位为 m；

H—地坑深度，单位为 m。

④圆形坑（不放坡时），挖地坑的体积：

$$V_{圆柱2}=\pi R^2 H$$

式中：$V_{圆柱2}$—圆形坑不放坡时，挖地坑的体积，单位为 m^3；

R—地坑半径，单位为 m；

H—地坑深度，单位为 m。

(5)挖土方、地槽、地坑的高度，按室外自然地坪至槽底计算。

(6)挖管沟槽，按规定尺寸计算，沟槽长度不扣除检查井，检查井的凸出管道部分的土方也不增加。

(7)平整场地系指厚度在±30 cm 以内的挖、填、找平。

建筑物平整场地工程量按建筑物外形每边各加宽 2 m，以平方米计算。矩形建筑物平整场地面积=底层建筑面积+外墙周长×2+4×(阳角数－阴角数)=$S_{底}+2L_{外}+16$。

围墙的平整场地，工程量按围墙中心线每边各加宽 1 m，以平方米计算。

(8)回填土、场地填土。分松填和夯填，以立方米计算。

(9)地槽、地坑回填土的工程量，可按经验计算，回填土为地槽地坑的挖土量乘以系数 0.6 计算；也可按理论公式计算，即回填土为地槽地坑的挖土量减去设计室外地平以下埋设的砌筑量。

(10)管道回填土按挖土体积减去垫层和直径大于 500 mm(包括 500 mm 以上)的管道体积计算，管道直径小于 500 mm 的不扣除其所占体积，管道在 500 mm 以上的应减除管道体积。

2. 砌筑工程定额相关规定及工程量计算

(1)标准砖墙体厚度按表 2-5-3 计算。标准砖以 240×115×53 为准。

表 2-5-3 标准砖墙计算厚度

砖数(厚度)	1/4	1/2	3/4	1	1.5	2	2.5	3
计算厚度(mm)	53	115	180	240	365	490	615	740

(2)基础与墙身的划分:砖基础与砖墙以设计室内地坪为界,设计室内地坪以下为基础、以上为墙身,如墙身与基础为两种不同材料时以材料为分界线。砖围墙以设计室外地坪为分界线。

(3)砖基础工程量:

外墙条形基础体积:$V_{外墙}=L_{中}\times$基础断面积－面积在 0.3 m^2 以外的孔洞等体积;

内墙条形基础体积:$V_{内墙}=L_{内净长}\times$基础断面积－面积在 0.3 m^2 以外的孔洞等体积;

式中:$V_{外墙}$—外墙条形基础体积,单位为 m^3;

$L_{中}$—外墙条形基础中心线长度,单位为 m;

$V_{内墙}$—内墙条形基础体积,单位为 m^3;

$L_{内净长}$—内墙条形基础净长线,单位为 m。

外墙基础长度,按外墙中心线计算。内墙基础长度,按内墙净长计算,不扣除 0.3 m^2 以内的孔洞、嵌入基础的钢筋、铁杆、管件等所占的体积。

(4)基础抹隔潮层按实抹面积计算。

(5)砖墙墙身工程量的计算:

外墙墙身砌筑体积:$V_{外墙}=(L_{中}\times H_{外}$－外墙门窗框外围面积)×墙厚加减有关体积

内墙墙身砌筑体积:$V_{内墙}=(L_{内净长}\times H_{内}$－内墙门窗框外围面积)×墙厚加减有关体积

式中:$V_{外墙}$—外墙墙身砌筑体积,单位为 m^3;

$L_{中}$—外墙条形基础中心线长度,单位为 m;

$H_{外}$—外墙高度,单位为 m;

$V_{内墙}$—内墙墙身砌筑体积,单位为 m^3;

$L_{内净长}$—内墙条形基础净长线,单位为 m。

$H_{内}$—内墙高度,单位为 m。

外墙长度按外墙中心线长度计算,内墙长度按内墙净长计算。

(6)墙身高度从首层设计室内地坪算至设计要求高度。

(7)砖垛,三皮砖以上的檐槽、砖砌腰线的体积,并入所附的墙身体积内计算。

(8)围墙以立方米计算,按相应外墙定额执行,砖垛和压顶等工程量应并入墙身内计算。

(9)砖柱不分柱身和柱基,其工程量合并计算,按砖柱定额执行。砖柱的体积计算:

矩形砖柱体积=(矩形断面×柱高+柱基础体积)×根数

圆形砖柱体积=(0.785 4×柱径^2+柱基础体积)×根数

(10)台阶、花台应按零星砌体项目计算。

(11)毛石砌体按图示尺寸,以立方米计算。

3. 脚手架定额工程量计算

(1)围墙脚手架。按里脚手架定额执行，其高度以自然地坪到围墙顶面，长度按围墙中心线计算，不扣除大门面积，也不另行增加独立门柱的脚手架。

(2)独立砖石柱的脚手架。按单排外脚手架定额执行，其工程量按柱截面的周长另加3.6 m，再乘柱高以平方米计算。

(3)砌墙脚手架按墙面垂直投影面积计算。外墙脚手架长度按外墙外边线计算，内墙脚手架长度按内墙净长计算，高度按自然地坪到墙顶的总高计算。

二、园林活动房工程定额计价实例

图 2-5-1 至图 2-5-4 为园林活动房工程的示意图，包括平面图、立面图、剖面图、顶部配筋图及基础断面图。外门尺寸 900 mm×2 700 mm，里门尺寸 900 mm×2 000 mm，小窗尺寸 1 500 mm×1 800 mm，大窗尺寸 2 100 mm×1 800 mm。按照现行《河北省建筑工程消耗量定额》(2012 版)的有关内容计算景墙工程量。套用《河北省园林绿化工程价目表》《河北省装饰工程消耗量定额》(2012 版)等，完成园林活动房工程定额计价。

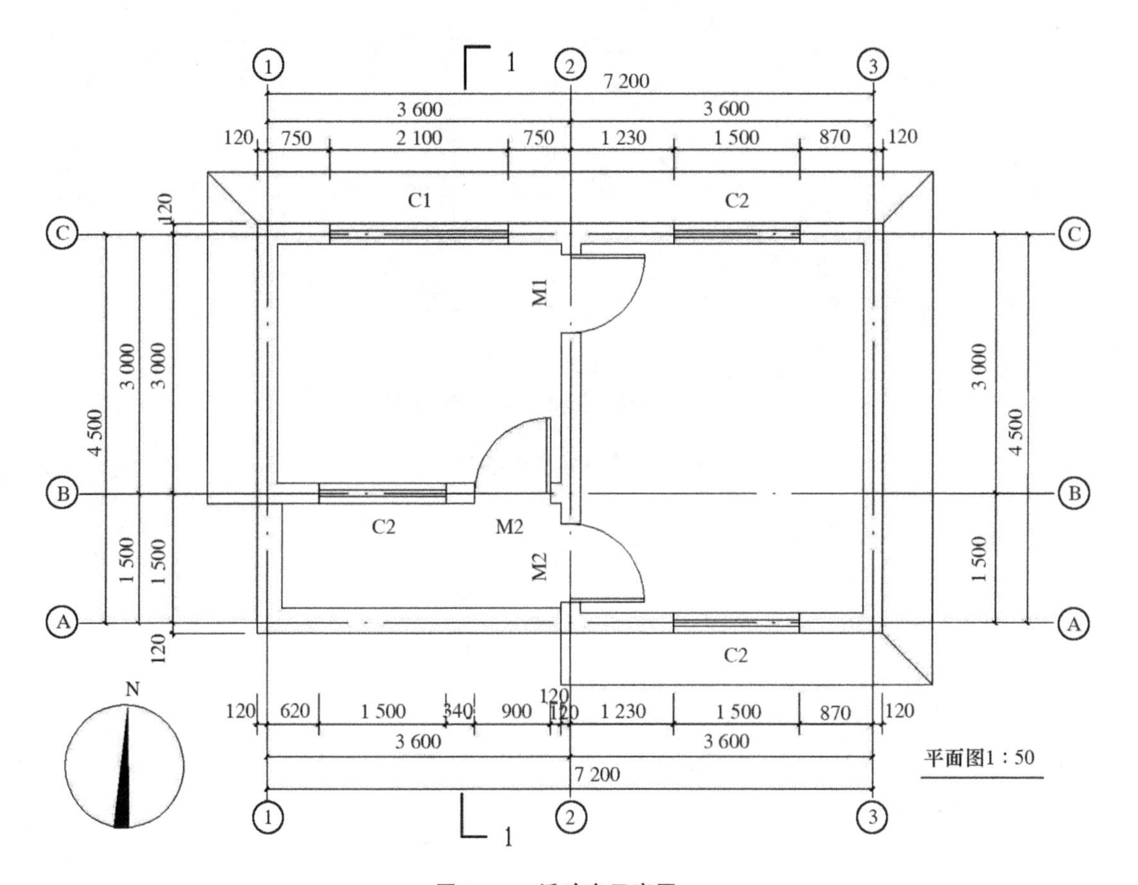

图 2-5-1 活动房示意图一

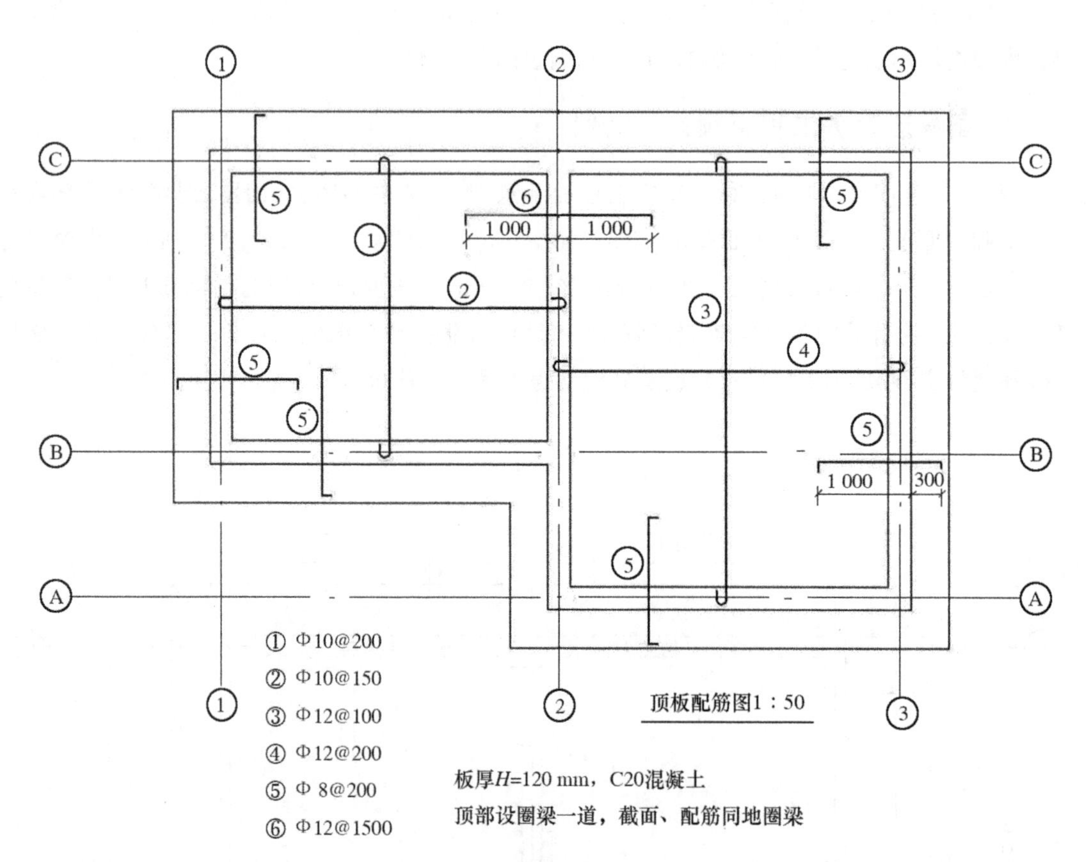

图 2-5-2 活动房示意图二

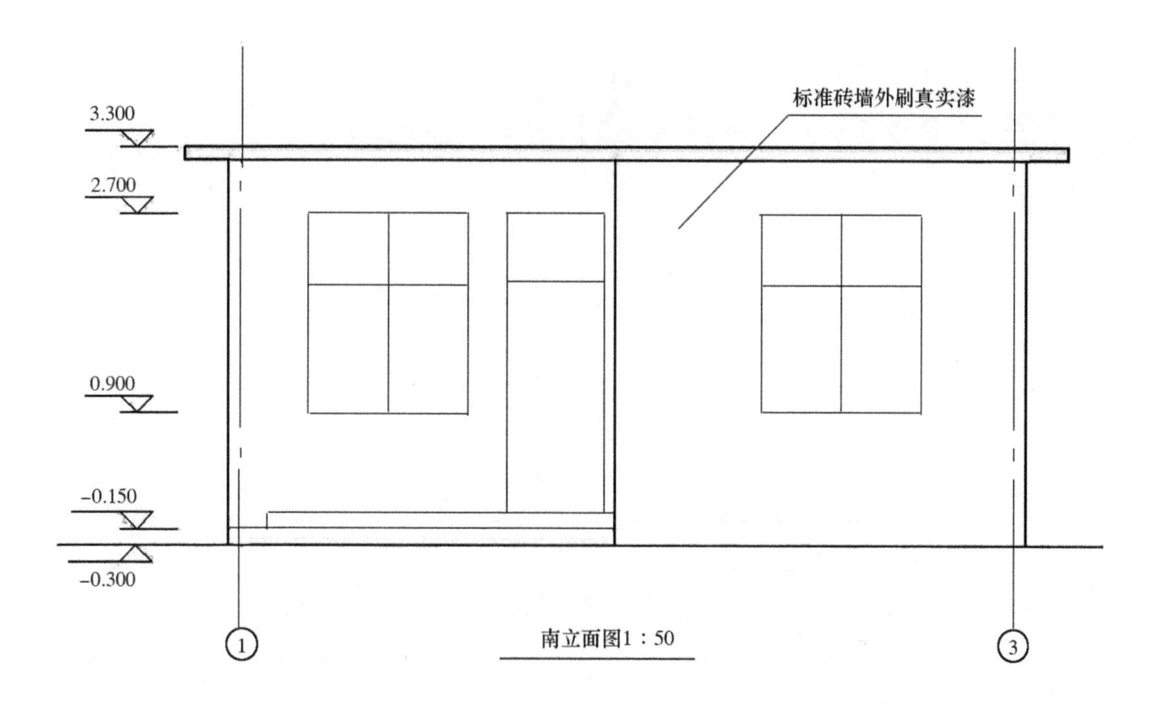

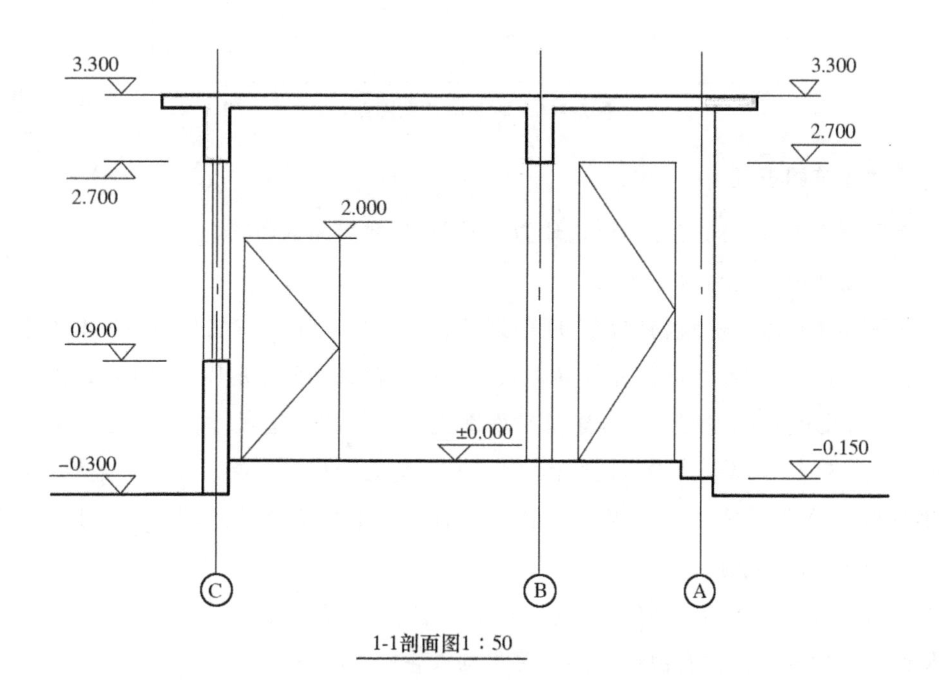

图 2-5-3　活动房示意图三

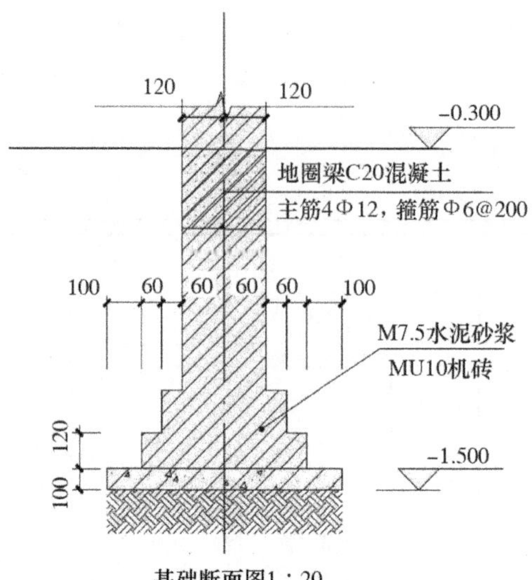

门窗表		
编号	宽	高
M1	900	2 000
M2	900	2 700
C1	2 100	1 800
C2	1 500	1 800

图 2-5-4 活动房示意图四

(一)园林建筑图识读

园林建筑图根据表现的内容和形式分为平面图、立面图和剖面图。

1. 建筑平面图的表达内容及要求

建筑平面图主要表现建筑物内部空间的划分、房间名称、出入口的位置、墙、柱位置、附属构件的位置、配合适当的尺寸标注和位置说明。具体有建筑平面图的图名、图名的右侧标上比例尺，定位轴线及其编号，索引符号，建筑平面图上一般标明三道尺寸，从外往里依次是总尺寸、轴线尺寸、细部尺寸，除尺寸外，还要标注出楼面、地面的相对标高。如果不是单层建筑物，应该提供各层建筑平面图，并且在底层平面图中标上指北针表明建筑朝向、剖切符号以及台阶、散水等，如图 2-5-1 所示。

凡是被水平剖切平面剖切到的墙、柱的断面外轮廓，用粗实线表达。

可见部分的轮廓线或没有被剖切到的可见构件轮廓线等用中粗线。

尺寸线、尺寸界线、尺寸标注、引出线、图名等文字用细线。

2. 建筑立面图的表达内容及要求

立面图名称的命名：按建筑主、次立面进行命名，包括正立面图、背立面图、左侧立面图、右侧立面图；按建筑朝向进行命名：包括南立面图、北立面图、东立面图、西立面图；按轴线进行命名：如 A～E 立面图、①～⑦立面图等。

立面图可较清晰、完整地表现该建筑的造型特征，一般只绘制出两端轴线及编号，并标注上工程做法。立面图的尺寸应标注主要部位的标高，如出入口地面、室外地坪、檐上与檐下、屋顶、景墙窗口等处，标注排列整齐，规范、清晰。以室内地坪高度（即出入口地面标高）为±0.000，如图 2-5-2 所示。

为使图面表现真实、层次节奏明快、主次分明，尽量用多种线型绘制。

新建建筑物轮廓线及大的转折处用粗实线。

立面上较小的凹凸，如门窗洞口、台阶、雨篷、立柱等轮廓线用中粗实线。

轮廓内的局部形象，如门窗扇、雨水管、勒脚、墙体线及引出线、标高等用细实线。

室外地坪线用特粗实线。

3. 建筑剖面图的表达内容及要求

建筑剖面图是假想用一个或多个垂直于外墙轴线的铅垂剖切面把建筑物剖开后所得到的投影图。

主要反映建筑内部垂直方向的高度，楼层分层、简要的内部结构形式及构造方式、主要部位的标高等，如图 2-5-3 所示。

剖面图的剖切位置应选择在建筑内部构造比较复杂的有代表特征的部位，如门窗洞、楼梯间等位置。

剖面图的数量应视建筑的复杂程度与实际要求来定，并与平面图上标注的剖切符号编号一致。

各部分线型按国标规定：

剖切到的断面轮廓线用粗实线。

没剖到的主要可见轮廓线（如窗台、门窗洞、屋檐、雨篷、墙、柱、台阶、花池等）用中粗线。

其他（门窗扇、栏杆、墙面分格等）用细线。

室外地坪基准线用特粗线。

（二）工程量计算分析

（1）平整场地：工程量按外边线每边各加宽 2 m，以平方米计算，

$(7.44+4)\times(4.74+4)-3.6\times1.5=94.59\ (m^2)$

（2）挖沟槽：按照土壤类别区分干土和湿土，以立方米计算，

$(0.2+0.24\times2)\times1.2\times(7.2+4.5+3.6+1.5+3+3-0.24)=18.409\ (m^3)$

（3）沟槽打夯：以平方米计算，

$(0.2+0.24\times2)\times(7.2+4.5+3.6+1.5+3+3-0.24)=15.34\ (m^2)$

（4）基础垫层，混凝土：以立方米计算，

$0.68\times0.1\times(7.2+4.5+3.6+1.5+3+3-0.24)=1.53\ (m^3)$

（5）基础垫层，模板：以平方米计算，

$(7.2+4.5+3.6+1.5+3)+(3-0.24)\times0.1=20.076\ (m^2)$

(6)砖基础:以立方米计算,

(0.48×0.12+0.36×0.12+0.24×0.56)×(7.2+4.5+3.6+1.5+3+3−0.24)=5.306 (m^3)

(7)沟槽回填土,夯实:以立方米计算,

18.409−1.53−5.306=11.537 (m^3)

(8)地圈梁,混凝土:以立方米计算,

0.3×0.24×(7.2+4.5+3.6+1.5+3+3−0.24)=1.624 (m^3)

(9)地圈梁钢筋

主筋直径 12 mm:直径 12 mm 钢筋 0.888 kg/m,以吨计算,

(7.2+4.5+3.6+1.5+3+3−0.24)×4×0.888÷1 000=0.080 (t)

箍筋直径 6 mm:直径 6 mm 钢筋用直径 6.5 mm 钢筋代替,0.26 kg/m,以吨计算,

[2×(0.3+0.24)×(7.2+4.5+3.6+1.5+3+3−0.24)÷0.2+1)]×0.26÷1 000=0.032 (t)

(10)地圈梁,模板:以平方米计算,

2×(7.2+4.5+3.6+1.5+3+3−0.24)×0.3=13.536 (m^2)

(11)砖砌外墙 1 砖:以立方米计算,

[3×(7.2+4.5+3.6+1.5+3)−(2.1×1.8+1.5×1.8×3+0.9×2.7×2)]×0.24=10.238 (m^3)

(12)砖砌内墙 1 砖:以立方米计算,

(2.7×(3−0.24)−0.9×2)×0.24=1.356 (m^3)

(13)顶圈梁,混凝土:以立方米计算,

0.3×0.24×(7.2+4.5+3.6+1.5+3+3−0.24)=1.624 (m^3)

(14)顶圈梁钢筋

主筋直径 12 mm:直径 12 mm 钢筋 0.888 kg/m,以吨计算,

(7.2+4.5+3.6+1.5+3+3−0.24)×4×0.888÷1 000=0.080 (t)

箍筋直径 6 mm:直径 6 mm 钢筋用直径 6.5 mm 钢筋代替,0.26 kg/m,以吨计算,

[2×(0.3+0.24)×(7.2+4.5+3.6+1.5+3+3−0.24)÷0.2+1)]×0.26÷1 000=0.032 (t)

(15)顶圈梁,模板:以平方米计算,

2×(7.2+4.5+3.6+1.5+3+3−0.24)×0.3=13.536 (m^2)

(16)现浇混凝土,平板板厚 10 cm 以外:以立方米计算,

(3.6×3.24+3.84×4.74)×0.12=3.584 (m^3)

(17)现浇混凝土,平板钢筋

1 号现浇构件钢筋直径 10 mm:直径 10 mm 钢筋 0.617 kg/m,以吨计算,

(3＋0.24－0.015×2＋6.25×0.01×2)×[(3.6＋0.24)÷0.2＋1]×0.617÷1 000＝0.042 (t)

2 号平板钢筋直径 10 mm：

(3.6＋0.24－0.015×2＋6.25×0.01×2)×[(3＋0.24)÷0.15＋1]×0.617÷1 000＝0.055 (t)

3 号平板钢筋直径 12 mm：

(4.5＋0.24－0.015×2＋6.25×0.012×2)×[(3.6＋0.24)÷0.1＋1]×0.888÷1 000＝0.170 (t)

4 号平板钢筋直径 12 mm：

(3.6＋0.24－0.015×2＋6.25×0.012×2)×[(4.5＋0.24)÷0.2＋1]×0.888÷1 000＝0.086 (t)

5 号平板钢筋直径 8 mm：直径 8 mm 钢筋 0.395 kg/m，以吨计算，

{[(3＋0.24)÷0.2＋1]＋[(7.2＋0.24)÷0.2＋1]＋[(4.5＋0.24)÷0.2＋1]＋[(3.6＋0.24)÷0.2＋1]＋[(1.5＋0.24)÷0.2＋1]}×[1.3＋(0.12－0.015×2)×2]×0.395÷1 000＝0.064 3 (t)

6 号平板钢筋直径 12 mm：

[2＋(0.12－0.015×2)×2]×[(3＋0.24)÷0.15＋1]×0.888÷1 000＝0.043 (t)

平板直径 10 mm 以内钢筋汇总：0.042 ＋0.055 ＋0.064 3＝0.161 (t)

平板直径 10 mm 以外钢筋汇总：0.170＋0.086＋0.043＝0.299 (t)

(18)平板模板：以平方米计算，

(3.6－0.24) ×(3－0.24)＋(3.6－0.24) ×(4.5－0.24)＝23.587 m^2

(19)外标准砖墙面水泥砂浆抹灰：以平方米计算，

(7.2＋4.5＋3.6＋1.5＋3)×3.3－(2.1×1.8＋1.5×1.8×3＋0.9×2.7×2)＝4.86 (m^2)

(20)内标准砖墙面水泥砂浆抹灰，房间 1：以平方米计算，

[(3.6－0.24)＋(3－0.24)]×2×3－(0.9×2＋0.9×2.7＋2.1×1.8＋1.5×1.8)＝26 (m^2)

标准砖墙面水泥砂浆抹灰，房间 2：以平方米计算，

[(3.6－0.24)＋(4.5－0.24)]×2×3－(0.9×2＋0.9×2.7＋1.5×1.8×2)＝36.1 (m^2)

(21)外墙砌筑，脚手架墙高在 6 m 以下：以平方米计算，

[(7.2＋0.24＋4.5＋0.24) ×2－3.6＋1.5]×3.6＝80.136 (m^2)

(22)内墙砌筑，脚手架墙高在 6 m 以下：以平方米计算，

(3－0.24)×3＝8.280 (m^2)

(三)工程量计算表

根据以上工程量计算过程分析，通过列表方式计算工程量。先填写分部分项工程名称、列出计算式、调整计量单位，得出工程数量，最后校核。工程量计算表见表 2-5-4。

表 2-5-4 园林活动房工程量计算表

序号	分部分项工程名称	单位	工程量	工程量表达式
1	平整场地	10 m²	9.459	(7.44+4)×(4.74+4)−3.6×1.5=94.59 (m²)
2	人工挖沟槽二类干土	m³	18.409	(0.2+0.24×2)×1.2×(7.2+4.5+3.6+1.5+3+3−0.24)=18.409 (m³)
3	沟槽打夯	10 m²	1.534	(0.2+0.24×2)×(7.2+4.5+3.6+1.5+3+3−0.24)=15.34 (m²)
4	基础垫层混凝土	10 m³	0.153	0.68×0.1×(7.2+4.5+3.6+1.5+3+3−0.24)=1.53 (m³)
5	基础垫层木模板	100 m²	0.201	(7.2+4.5+3.6+1.5+3)+(3−0.24)×0.1=20.076 (m²)
6	砖基础	m³	5.306	(0.48×0.12+0.36×0.12+0.24×0.56)×(7.2+4.5+3.6+1.5+3+3−0.24)=5.306 (m³)
7	沟槽回填土,夯实	m³	11.573	18.409−1.53−5.306=11.537 (m³)
8	地圈梁,混凝土	m³	1.624	0.3×0.24×(7.2+4.5+3.6+1.5+3+3−0.24)=1.624 (m³)
9	地圈梁,钢筋直径 12 mm	t	0.080	0.080 t
	地圈梁,钢筋直径 6 mm	t	0.032	0.032 t
10	地圈梁,模板	100 m²	0.135	2×(7.2+4.5+3.6+1.5+3+3−0.24)×0.3=13.536 (m²)
11	砖砌外墙 1 砖	m³	10.238	[3×(7.2+4.5+3.6+1.5+3)−(2.1×1.8+1.5×1.8×3+0.9×2.7×2)]×0.24=10.238 (m³)
12	砖砌内墙 1 砖	m³	1.356	[2.7×(3−0.24)−0.9×2]×0.24=1.356 (m³)
13	顶圈梁,混凝土	m³	1.624	0.3×0.24×(7.2+4.5+3.6+1.5+3+3−0.24)=1.624 (m³)

续表 2-5-4

序号	分部分项工程名称	单位	工程量	工程量表达式
14	顶圈梁钢筋,直径 6 mm	t	0.032	2×(0.3+0.24)×[(7.2+4.5+3.6+1.5+3+3−0.24)÷0.2+1]×0.26÷1 000=0.032 (t)
	顶圈梁钢筋,直径 12 mm	t	0.080	(7.2+4.5+3.6+1.5+3+3−0.24)×4×0.888÷1 000=0.080 (t)
15	顶圈梁,模板	100 m^2	0.135	2×(7.2+4.5+3.6+1.5+3+3−0.24)×0.3=13.536 (m^2)
16	现浇混凝土平板	m^3	3.584	(3.6×3.24+3.84×4.74)×0.12=3.584 (m^3)
17	平板直径 10 mm 以内钢筋	t	0.161	0.042 +0.055 +0.064 3=0.161 (t)
	平板直径 10 mm 以外钢筋	t	0.294	0.170+0.081+0.043=0.299 (t)
18	平板模板	100 m^2	0.236	(3.6−0.24)×(3−0.24)+(3.6−0.24)×(4.5−0.24)=23.587 (m^2)
19	外墙面水泥砂浆抹灰	100 m^2	0.486	(7.2+4.5+3.6+1.5+3)×3.3−(2.1×1.8+1.5×1.8×3+0.9×2.7×2)=48.6 (m^2)
20	内墙面水泥砂浆抹灰	100 m^2	0.621	26+36.1=62.10 (m^2)
21	外墙砌筑,脚手架墙	100 m^2	0.801	[(7.2+0.24+4.5+0.24) ×2−3.6+1.5]×3.6=80.136 (m^2)
22	内墙砌筑,脚手架墙	100 m^2	0.083	(3−0.24)×3=8.280 (m^2)

(四)工程计价表

工程量校核后,根据地区的预算定额,套用定额基价,计算定额直接费。先抄写分项工程名称、定额编号、单位。当借用其他定额时,定额编号必须区分。再抄写基价、人工费单价、材料费单价、机械费单价。然后计算定额直接费、人工费、机械费等。实体项目预算表见表 2-5-5,措施项目预算表见表 2-5-6,人、材、机汇总表见表 2-5-7,材料、机械、设备增值税计算表见表 2-5-8,单位工程造价汇总表见表 2-5-9。

表 2-5-5 实体项目预算表

序号	定额编号	项目名称	单位	数量	单价(元)	其中:(元)			合价(元)	其中:(元)		
						人工费	材料费	机械费		人工费	材料费	机械费
1	1-75	平整场地	10 m^2	9.46	25.62	25.62			242.34	242.34		
2	1-1	人工挖沟槽一、二类土	m^3	18.41	14.62	14.62			269.14	269.14		
3	1-81	沟槽,原土打夯	10 m^2	1.53	5.87	5.03		0.84	9.01	7.72		1.29
4	1-94	基础垫层混凝土	10 m^3	0.15	2 862.35	992.46	1 787.95	81.94	437.95	151.85	273.56	12.54
5	1-97	砖基础[水泥砂浆 M5]	m^3	5.31	302.99	68.10	231.53	3.36	1 607.67	361.34	1 228.50	17.83
6	1-79	沟槽回填土,夯实	m^3	11.54	13.22	11.42		1.80	152.52	131.75		20.77
7	1-160	地圈梁　现浇混凝土 C20	m^3	1.62	397.20	158.82	213.42	24.96	645.05	257.92	346.59	40.54
8	1-361	地圈梁,钢筋直径 10 mm 以内	t	0.03	5 342.78	839.88	4 444.39	58.51	170.97	26.88	142.22	1.87
9	1-362	地圈梁,钢筋直径 20 mm 以内	t	0.08	5 388.94	507.78	4 728.00	153.16	431.11	40.62	378.24	12.25
10	1-105	砖砌外墙 1 砖	m^3	10.24	349.85	95.58	240.24	14.03	3 581.77	978.55	2 459.58	143.64
11	1-101	砖砌内墙 1 砖	m^3	1.36	345.88	93.48	238.72	13.68	469.01	126.76	323.70	18.55
12	1-160	顶圈梁　现浇混凝土 C20	m^3	1.62	397.20	158.82	213.42	24.96	645.05	257.92	346.59	40.54
13	1-361	顶圈梁,钢筋直径 10 mm 以内	t	0.03	5 342.78	839.88	4 444.39	58.51	170.97	26.88	142.22	1.87
14	1-362	顶圈梁,钢筋直径 20 mm 以内	t	0.08	5 388.94	507.78	4 728.00	153.16	431.11	40.62	378.24	12.25
15	1-169	平板,板厚 10 cm 以外	m^3	3.58	314.02	84.06	223.31	6.65	1 125.44	301.27	800.34	23.83
16	1-361	平板,钢筋直径 10 mm 以内	t	0.16	5 342.78	839.88	4 444.39	58.51	860.19	135.22	715.55	9.42
17	1-362	平板,钢筋直径 20 mm 以内	t	0.30	5 388.94	507.78	4 728.00	153.16	1 611.29	151.83	1 413.67	45.79
18	1-651	外墙面水泥砂浆底面	10 m^2	0.49	155.10	100.52	46.47	8.11	75.37	48.85	22.58	3.94
19	1-640	内墙面水泥石灰砂浆底	10 m^2	6.21	155.92	107.24	39.92	8.76	968.26	665.96	247.90	54.40
		合计							13 904.22	4 223.42	9 219.48	461.32

表 2-5-6 措施项目预算表

项目编号	项目名称	单位	数量	单价（元）	合价（元）	其中：（元）		
						人工费	材料费	机械费
4-84	现浇钢筋混凝土基础垫层模板	m^3	20.08	57.16	1 147.54	175.87	957.42	14.25
4-100	现浇钢筋混凝土圈梁模板	m^3	13.54	360.81	4 883.93	3 493.10	1 047.42	343.41
4-110	现浇钢筋混凝土平板模板	m^3	3.58	413.86	1 483.27	627.70	793.71	61.86
[51]A11-2	双排外墙脚手架	100 m^2	0.80	1 142.61	915.22	202.81	636.15	76.26
[51]A11-20	内墙砌筑脚手架	100 m^2	0.08	257.78	21.39	16.58	4.02	0.79
	合计				8 451.35	4 516.06	3 438.72	496.57

表 2-5-7 人工、材料、机械台班(用量、单价)汇总表

编码	名称及型号规格	单位	数 量	预算价（元）	市场价（元）	市场价合计(元)	价差合计(元)
			人工				
10000001	综合用工一类	工日	10.21	70.00	84.00	857.774 4	142.96
10000002	综合用工二类	工日	122.90	60.00	74.00	9 094.23	1 720.53
10000003	综合用工三类	工日	13.85	47.00	60.00	830.88	180.02
CSRGF	措施费中的人工费	元		1.00	1.00		
			材料				
AA1C0001	钢筋 Φ10 以内	t	0.23	4 290.00	4 290.00	984.126	
BA2C1016	木模板	m^3	0.46	2 300.00	2 300.00	1 055.24	
BA2C1018	木脚手板	m^3	0.05	2 200.00	2 200.00	114.84	
BA2C1023	支撑方木	m^3	0.12	2 300.00	2 300.00	283.36	
BA2C1027	木材	m^3	0.01	1 800.00	1 800.00	25.92	
BB1－0101	水泥 32.5	t	3.97	360.00	360.00	1 430.532	
BC1-0002	生石灰	t	0.33	290.00	290.00	96.686	
BC3-0022	砾石	t	10.13	45.50	45.50	461.115 2	
BC3-0030	碎石	t	2.09	42.00	42.00	87.859 8	
BC4-0013	中砂	t	13.89	30.00	30.00	416.847	
BD1-3009	标准砖 240×115×53	百块	89.96	38.00	38.00	3 418.609 2	
BK1-0005	塑料薄膜	m^2	41.28	0.80	0.80	33.026 56	
CA1C0007	电焊条 结 422	kg	2.92	4.14	4.14	12.102 462	
CSCLF	措施费中的材料费	元		1.00	1.00		

续表 2-5-7

编码	名称及型号规格	单位	数　量	预算价（元）	市场价（元）	市场价合计（元）	价差合计（元）
CZB11-001	钢管 Φ48.3×3.6	百米•天	141.21	1.60	1.60	225.936 96	
CZB11-002	直角扣件 ≥1.1 kg/套	百套•天	160.40	1.00	1.00	160.404 8	
CZB11-003	对接扣件 ≥1.25 kg/套	百套•天	19.13	1.00	1.00	19.1263	
CZB11-004	旋转扣件 ≥1.25 kg/套	百套•天	1.66	1.00	1.00	1.658 9	
CZB12-002	组合钢模板	t•天	85.29	11.00	11.00	938.195 5	
CZB12-004	零星卡具	t•天	10.96	11.00	11.00	120.607 3	
CZB12-007	底座	百套•天	7.63	1.50	1.50	11.443 05	
CZB12-011	支撑钢管(碗扣式) Φ48×3.5	百米•天	81.31	3.00	3.00	243.930 6	
EF1-0009	隔离剂	kg	2.77	0.98	0.98	2.715 09	
FG1-0001	钢筋 20 以内	t	0.48	4 500.00	4 500.00	2 148.3	
IA2-2010	圆钉	kg	0.14	6.00	6.00	0.860 4	
IA2C0071	铁钉	kg	6.56	5.50	5.50	36.064 6	
IF2-0101	镀锌铁丝 8#	kg	9.17	5.00	5.00	45.866	
IF2-0108	镀锌铁丝 22#	kg	3.74	6.70	6.70	25.028 52	
IF2-0121	镀锌铁丝	kg	0.05	5.20	5.20	0.261 04	
ZA1-0002	水	m^3	19.35	5.00	5.00	96.741 5	
ZG1-0001	其他材料费	元	160.62	1.00	1.00	160.615	
机械							
90000002	机械费	元	880.84	1.00	1.00	880.841 3	
CSJXF	措施费中的机械费	元		1.00	1.00		
JX001	折旧费(机械台班)	元	6.66	1.00	1.00	6.660 5	
JX002	大修理费(机械台班)	元	1.00	1.00	1.00	0.998 9	
JX003	经常修理费(机械台班)	元	5.60	1.00	1.00	5.603 3	
JX005	人工(机械台班)	工日	0.16	60.00	60.00	9.714	
JX007	柴油(机械台班)	kg	5.21	9.80	9.80	51.072 7	
JX013	人工费(机械台班)	元	0.45	1.00	1.00	0.445 3	
JX014	其他费用(机械台班)	元	2.58	1.00	1.00	2.575 8	
未计价材料							
LF1-0019	含模量	m^2	169.28				

表 2-5-8　材料、机械、设备增值税计算表

编码	名称及型号规格	单位	数量	除税系数(%)	含税价格(元)	含税价格合计(元)	除税价格(元)	除税价格合计(元)	进项税额合计(元)	销项税额合计(元)
AA1C0001	钢筋 Φ10 以内	t	0.23	14.25	4 290.00	984.13	3 678.68	843.89	140.24	92.83
BA2C1016	木模板	m^3	0.46	14.25	2 300.00	1 055.24	1 972.25	904.87	150.37	99.54
BA2C1018	木脚手板	m^3	0.05	14.25	2 200.00	114.84	1 886.59	98.48	16.36	10.83
BA2C1023	支撑方木	m^3	0.12	14.25	2 300.00	283.36	1 972.24	242.98	40.38	26.73
BA2C1027	木材	m^3	0.01	14.25	1 800.00	25.92	1 543.75	22.23	3.69	2.45
BB1-0101	水泥 32.5	t	3.97	14.25	360.00	1 430.53	308.70	1 226.68	203.85	134.93
BC1-0002	生石灰	t	0.33	14.25	290.00	96.69	248.68	82.91	13.78	9.12
BC3-0022	砾石	t	10.13	2.86	45.50	461.12	44.20	447.93	13.19	49.27
BC3-0030	碎石	t	2.09	2.86	42.00	87.86	40.80	85.35	2.51	9.39
BC4-0013	中砂	t	13.89	2.86	30.00	416.85	29.14	404.93	11.92	44.54
BD1-3009	标准砖 240×115×53	百块	89.96	14.25	38.00	3 418.61	32.59	2 931.46	487.15	322.46
BK1-0005	塑料薄膜	m^2	41.28	14.25	0.80	33.03	0.69	28.32	4.71	3.12
CA1C0007	电焊条　结 422	kg	2.92	14.25	4.14	12.1	3.55	10.38	1.72	1.14
CSCLF	措施费中的材料费	元		6.00	1.00		0.00			
CZB11-001	钢管 Φ48.3×3.6	百米•天	141.21	14.25	1.60	225.94	1.37	193.74	32.20	21.31
CZB11-002	直角扣件 ≥1.1 kg/套	百套•天	160.40	14.25	1.00	160.4	0.86	137.54	22.86	15.13
CZB11-003	对接扣件 ≥1.25 kg/套	百套•天	19.13	14.25	1.00	19.13	0.86	16.4	2.73	1.80
CZB11-004	旋转扣件 ≥1.25 kg/套	百套•天	1.66	14.25	1.00	1.66	0.86	1.42	0.24	0.16
CZB12-002	组合钢模板	t•天	85.29	14.25	11.00	938.2	9.43	804.51	133.69	88.50
CZB12-004	零星卡具	t•天	10.96	14.25	11.00	120.61	9.43	103.42	17.19	11.38
CZB12-007	底座	百套•天	7.63	14.25	1.50	11.44	1.29	9.81	1.63	1.08

续表 2-5-8

编码	名称及型号规格	单位	数量	除税系数(%)	含税价格(元)	含税价格合计(元)	除税价格(元)	除税价格合计(元)	进项税额合计(元)	销项税额合计(元)
CZB12-011	支撑钢管(碗扣式)Φ48×3.5	百米·天	81.31	14.25	3.00	243.93	2.57	209.17	34.76	23.01
EF1-0009	隔离剂	kg	2.77	14.25	0.98	2.72	0.84	2.33	0.39	0.26
FG1-0001	钢筋 20 以内	t	0.48	14.25	4 500.00	2 148.3	3 858.76	1 842.17	306.13	202.64
IA2-2010	圆钉	kg	0.14	14.25	6.00	0.86	5.16	0.74	0.12	0.08
IA2C0071	铁钉	kg	6.56	14.25	5.50	36.06	4.72	30.92	5.14	3.40
IF2-0101	镀锌铁丝 8#	kg	9.17	14.25	5.00	45.87	4.29	39.33	6.54	4.33
IF2-0108	镀锌铁丝 22#	kg	3.74	14.25	6.70	25.03	5.74	21.46	3.57	2.36
IF2-0121	镀锌铁丝	kg	0.05	14.25	5.20	0.26	4.38	0.22	0.04	0.02
LF1-0019	含模量	m^2	169.28	14.25			0.00			
ZA1-0002	水	m^3	19.35	2.86	5.00	96.74	4.86	93.97	2.77	10.34
ZG1-0001	其他材料费	元	160.62		1.00	160.62	1.00	160.62		17.67
90000002	机械费	元	880.84	10.870 0	1.00	880.84	0.89	785.09	95.75	86.36
CSJXF	措施费中的机械费	元		4.000 0	1.00		0.00			
JX001	折旧费(机械台班)	元	6.66	14.530 0	1.00	6.66	0.8547	5.69	0.97	0.63
JX002	大修理费(机械台班)	元	1.00	14.530 0	1.00	1	0.854 7	0.85	0.15	0.09
JX003	经常修理费(机械台班)	元	5.60	10.170 0	1.00	5.6	0.898 3	5.03	0.57	0.55
JX005	人工(机械台班)	工日	0.16		60.00	9.71	59.98	9.71		1.07
JX007	柴油(机械台班)	kg	5.21	14.250 0	9.80	51.07	8.40	43.79	7.28	4.82
JX013	人工费(机械台班)	元	0.45		1.00	0.45	1.01	0.45		0.05
JX014	其他费用(机械台班)	元	2.58		1.00	2.58	1.00	2.58		0.28
合计	/	/	/	/	/	13 615.96	/	11 851.37	1 764.59	1 303.67

表 2-5-9　单位工程造价汇总表

序号	项目名称	计算基础	费用金额(元)
1	直接费		22 355.57
2	其中:人工费	各专业合计	8 739.48
3	其中:材料费	各专业合计	12 658.20
4	其中:机械费	各专业合计	957.89
5	其中:未计价材料费	各专业合计	
6	其中:设备费		
7	直接费中的人工费+机械费		9 697.37
8	企业管理费	各专业合计	1 066.71
9	规费	各专业合计	1 018.22
10	利润	各专业合计	581.84
11	价款调整		2 043.38
12	其中:价差		2 043.38
13	其中:独立费		
14	安全生产、文明施工费		1 226.08
15	税前工程造价		28 291.80
16	其中:进项税额		1 829.21
17	材料费、机械费、设备费价差进项税额		
18	甲供材料、甲供设备的采保费		
19	销项税额		2 910.88
20	增值税应纳税额		1 081.67
21	附加税费		146.03
22	税金		1 227.70
23	工程造价		29 519.50

园林活动房类似工程的计价方法,根据施工工序,查找相应的定额工程量计算规则,手算工程量,计价软件套定额完成工程造价。也可以参照第四章计算机软件计价方法及实例中的计价程序,利用新奔腾量筋合一、广联达钢筋、土建算量等软件完成。

第六节　钢筋混凝土亭子工程定额计价实例

一、工程量计算规则

1. 混凝土工程定额相关规定及工程量计算

(1)混凝土及钢筋混凝土工程预算定额中包括了模板、钢筋、混凝土各工序的工料及施工机械的耗用量。

(2)混凝土和钢筋混凝土以体积为计算单位的各种构件,均根据图示尺寸以构件的实体积计算,不扣除其中的钢筋、铁件、螺栓和预留螺栓孔洞所占的体积。

(3)钢筋混凝土基础,当混凝土的厚度大于 12 cm 时,执行基础定额。

(4)柱的体积=断面积×柱高

柱高按柱基上表面算至柱顶面的距离。

(5)梁的体积=断面积×梁长

梁与柱交接时,梁长按柱与柱之间的净距计算,梁与墙交接时,伸入墙内的梁头应包括在梁的长度内计算。

(6)板的体积=面积×板厚

2. 钢筋工程量计算

(1)普通钢筋长度的计算

钢筋长度=构件长度-两端保护层厚度+弯钩增加长度;

构件长度按图示尺寸计算;

保护层厚度按设计规范计取,如室内正常环境钢筋保护层厚度:

对于墙和板,厚度≤100 mm 时,保护层取 10 mm,厚度>100 mm 时,保护层取 15 mm;对于梁和柱,受力筋,保护层取 25 mm;构造筋,保护层取 15 mm;

其他环境下钢筋保护层厚度见规范。

(2)板弯起筋长度的计算

构件长-两端保护层厚+2×(板厚-上下保护层厚)

(3)钢筋增加长度

弯钩增加长度,应根据钢筋弯钩形状来确定;

受力钢筋弯钩形式一般有:180°、90°、135°弯钩三种。180°弯钩增加长度为 6.25 d;90°弯钩增加长度为 3.5d;135°弯钩增加长度为 4.9 d。

(4)箍筋的计算

直径 10 mm 以下箍筋,单根长度:$L=2\times(B+H)$;

直径 10 mm 以上箍筋,单根长度:$L=2\times(B+H)+2\times$弯钩长;

式中:L—单根箍筋长度,单位为 m;

B—构件宽度,单位为 m;

H—构件高度,单位为 m。

箍筋总长=单箍长×根数

箍筋根数=配置范围长度/间距+1

(5)钢筋重量的计算

钢筋理论质量=钢筋计算长度×钢筋每米重量

钢筋总消耗量=钢筋理论质量×(1+损耗率)

钢筋每米重量见表 2-6-1,钢筋损耗率见表 2-6-2。

表 2-6-1 钢筋每米重量表

直径(mm)	每米重量(kg)	直径(mm)	每米重量(kg)
6	0.220	12	0.888
6.5	0.260	14	1.21
8	0.395	16	1.58
10	0.617	18	2.00

表 2-6-2 钢筋损耗率表

钢筋类型		损耗率(%)
现浇钢筋	Φ10 以内	2
	Φ10 以外	4.5
预制钢筋	Φ10 以内	1.5
	Φ10 以外	3.5
铁件		1

3. 模板工程量计算

(1)模板有木模板、工具式钢模板、定型钢模板等。

(2)现浇混凝土模板工程量，除另有规定者外，均按混凝土与模板的接触面的面积以平方米计算。

(3)现浇混凝土墙、板上单孔面积在 0.3 m^2 以内的孔洞不予以扣除，洞侧壁模板也不增加；单孔面积在 0.3 m^2 以上的，孔洞所占面积予以扣除，洞侧壁模板工程量并入墙、板模工程量之内计算。

(4)现浇混凝土独立基础，应分别按毛石混凝土和钢筋混凝土独立基础与模板接触面计算，其高度从垫层上表面算至柱基上表面。

4. 装饰工程量计算

(1)抹灰按展开面积以平方米计算。

(2)喷涂按设计图示尺寸展开面积以平方米计算。

二、钢筋混凝土亭子工程定额计价实例

图 2-6-1 为××公园钢筋混凝土亭子工程。按照现行《河北省建筑工程消耗量定额》(2012 版)的有关内容计算景墙工程量。套用《河北省园林绿化工程价目表》《河北省装饰工程消耗量定额》(2012 版)等，完成钢筋混凝土亭子工程定额计价。

1. 钢筋混凝土亭识读

钢筋混凝土亭子单体建筑的识读方法和识读内容参照第五节园林活动房的识读。

2. 工程量计算分析

依据现行定额项目划分，划分工程项目，依据计量单位，写出计算过程。

由图可知，该钢筋混凝土方亭板由两部分组成，即混凝土方亭板工程量＝矩形体部分亭板工程量＋棱台体部分亭板工程量。亭柱由三部分组成，即混凝土方亭柱工程量＝两部分矩形

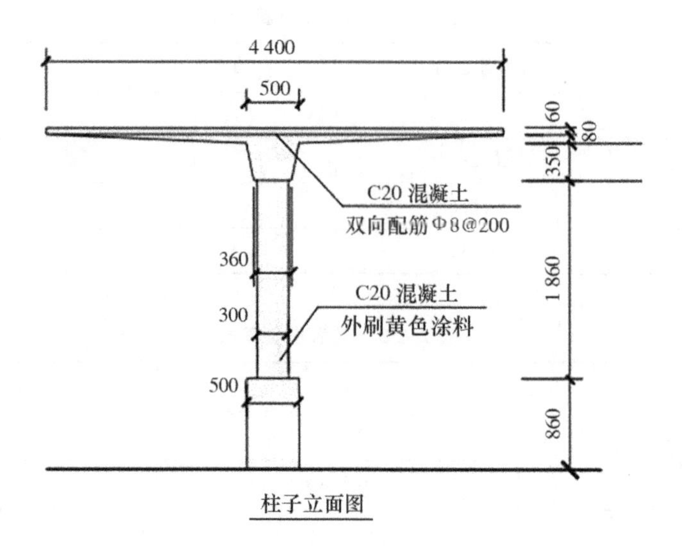

柱子立面图

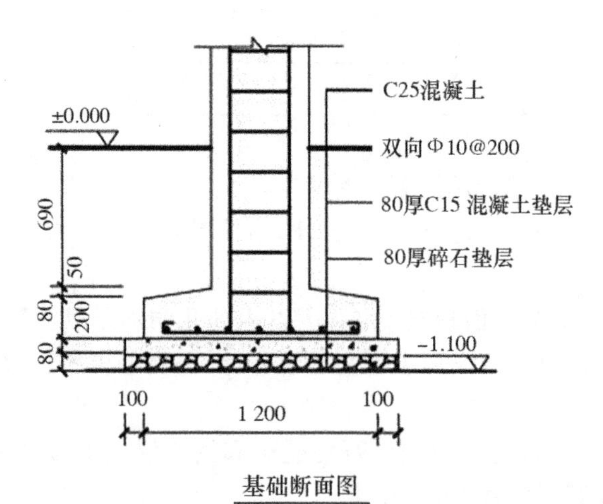

基础断面图

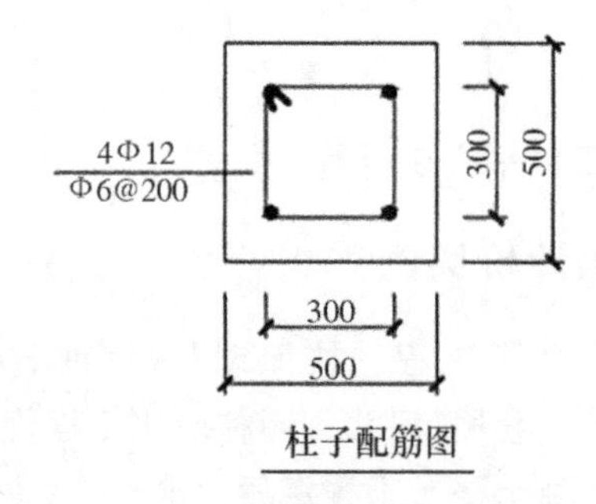

柱子配筋图

图 2-6-1 亭子施工图

体部分亭柱工程量+棱台体部分亭柱工程量。

(1)平整场地:以平方米计算,

$0.5\times0.5=0.25(m^2)$

(2)挖地坑:以立方米计算,

$(1.2+0.1\times2+0.3\times2)\times(1.2+0.1\times2+0.3\times2)\times1.1=4.4(m^3)$

(3)地坑夯实:以平方米计算,

$2\times2=4(m^2)$

(4)回填土:以立方米计算,

$4.4-0.16-0.16-0.33-0.17=3.58(m^3)$

(5)80 厚碎石垫层:以立方米计算,

$1.4\times1.4\times0.08=0.16(m^3)$

(6)C15 混凝土垫层:以立方米计算,

$1.4\times1.4\times0.08=0.16(m^3)$

(7)C15 混凝土垫层模板:以平方米计算,

$(1.4+1.4)\times2\times0.08=0.45(m^2)$

(8)C25 混凝土基础:以立方米计算,

$1.2\times1.2\times0.2+1/3\times0.05\times(1.2\times1.2+0.5\times0.5+\sqrt{1.2\times1.2\times0.5\times0.5})=0.33(m^3)$

(9)亭基础底板配筋:保护层厚度 15 mm,配筋双向 Φ10@200。

1 号每根 Φ10 横筋长度:

$1.2-0.015\times2+6.25\times0.01\times2=1.295(m)$

Φ10 横筋根数:

$(1.2-0.015\times2)\div0.2+1=7$(根)

Φ10 横筋重量:以吨计算,

$1.295\times7\times0.617=5.60(kg)=0.0056(t)$

同理,2 号钢筋总重 0.005 6 t

(10)混凝土基础模板:以平方米计算,

$1.2\times4\times0.2=0.96(m^2)$

(11)C20 混凝土亭柱

±0.000 以下亭柱混凝土:以立方米计算,

$0.5\times0.5\times0.69=0.17(m^3)$

±0.000 以下亭柱模板:以平方米计算,

$0.5\times4\times0.69=1.38(m^2)$

±0.000 以上柱体:以立方米计算,

$0.5\times0.5\times0.83+0.3\times0.3\times1.85=0.374(m^3)$

±0.000 以上柱体模板:以平方米计算,

$0.5\times4\times0.85+0.3\times4\times1.85=3.92(m^2)$

(12)亭柱配筋

Φ12 主筋单根长度:

$(0.84+1.85+0.35+0.08+0.06-0.025)+(0.69+0.05+0.2-0.025+3.9\times0.012)=4.11(m)$

Φ12 主筋根数:4 根

Φ12 主筋总长:$4.11\times4=16.44(m)$

Φ12 主筋重量:以吨计算,

16.44×0.888=14.599(kg)=0.015 (t)

500×500 柱 Φ6@200 箍筋的计算：

Φ6@200 箍筋单根长度：

0.5×4−0.015×8+6.25×0.0065×2=1.96(m)

Φ6@200 箍筋根数：(0.85+0.69)÷0.2+1=9(根)

300×300 柱 Φ6@200 箍筋的计算：

Φ6@200 箍筋单根长度：

0.3×4−0.015×8+6.25×0.006 5×2=1.16(m)

Φ6@200 箍筋根数：

1.85÷0.2+1=11(根)

棱台柱部分 Φ6@200 箍筋的计算：

平均边长(360+500)÷2=430(mm)

Φ6@200 箍筋单根长度：

0.43×4−0.015×8+6.25×0.006 5×2=1.68(m)

Φ6@200 箍筋根数：

0.35÷0.2+1=3(根)

Φ6@200 箍筋总重：以吨计算，

(1.96×9+1.16×11+1.68×3)×0.261=9.25(kg)=0.009 (t)

(13)C20 混凝土亭柱模板

±0.000 以下亭柱模板：以平方米计算，

0.5×4×0.69=1.38(m^2)

±0.000 以上柱体模板：以平方米计算，

0.5×4×0.85+0.3×4×1.85=3.92(m^2)

(14)C20 混凝土亭板

柱帽部分混凝土：以立方米计算，

$1/3\times0.35\times(0.36\times0.36+0.5\times0.5+\sqrt{0.36\times0.36\times0.5\times0.5}=0.07(m^3)$

棱台体部分亭板混凝土：以立方米计算，

$1/3\times0.08\times(0.5\times0.5+4.4\times4.4+\sqrt{0.5\times0.5\times4.4\times4.4})=0.58(m^3)$

C20 混凝土亭板汇总：以立方米计算，

0.07+0.58+4.4×4.4×0.06=1.81(m^3)

(15)亭顶板配筋：配筋 Φ8@200

Φ8@200 钢筋单根长度：

4.4−0.015×2+6.25×0.008×2=4.47(m)

Φ8@200 钢筋根数：

(4.4−0.015×2)÷0.2+1=23(根)

Φ8@200 钢筋重量：以吨计算，

4.47×23×0.395=40.61(kg)=0.004 (t)

双向配筋，所以顶板 Φ8 钢筋总用量

40.61×2=81.22(kg)=0.081 (t)

(16)亭顶板模板

柱帽模板：以平方米计算，

0.36×0.36−0.3×0.3=0.04(m^2)

柱面梯形面高：

$\sqrt{0.35^2+[(0.5-0.36)\div2]^2}=0.36$(m)

柱面梯形模板：以平方米计算，

1/2×(0.36+0.5)×0.36×4=0.62(m^2)

亭板模板：以平方米计算，

0.04 + 0.62=0.66(m^2)

棱台体部分梯形高：

$\sqrt{0.08^2+[(4.4-0.5)\div2]^2}=1.95$(m)

棱台体部分亭板模板：以平方米计算，

1/2×(0.5+4.4)×1.95×4=19.11(m^2)

矩形体部分亭板模板：

4.4×4×0.06=1.06(m^2)

C20 混凝土亭板模板汇总：以平方米计算，

0.66+19.11+1.06=20.83(m^2)

(17)亭柱抹灰：以平方米计算，

0.5×4×0.85+(0.5×0.5−0.3×0.3)+0.3×4×1.85+亭板模板面积=1.70+0.16+2.22+0.66=4.74(m^2)

(18)亭板抹灰：以平方米计算，

棱台体部分亭板模板+矩形体部分模板=19.11+1.06=20.17(m^2)

亭板顶面抹灰：

4.4×4.4=19.36(m^2)

(19)刷米黄色涂料：以平方米计算，

亭柱抹灰+亭板抹灰=4.74+20.17+19.36=44.27(m^2)

(20)脚手架

柱装饰脚手架：以平方米计算，

(0.5×4+3.6)×(0.85+1.85+0.35)=17.08(m^2)

板底装饰脚手架：以平方米计算，

4.4×4.4=19.36(m^2)

3. 工程量计算表

根据以上工程量计算过程分析，通过列表方式计算工程量。先填写分部分项工程名称、列出计算式、调整计量单位，得出工程数量，最后校核。工程量计算表见表 2-6-3。

表 2-6-3 混凝土方亭工程量计算表

序号	分项工程名称	单位	数量	计算式
1	平整场地	100 m^2	0.003	0.5×0.5=0.25(m^2)
2	挖地坑	100 m^3	0.044	(1.2+0.1×2+0.3×2) ×(1.2+0.1×2+0.3×2)×1.1 =4.4 (m^3)
3	地坑夯实	100 m^2	0.04	2×2=4(m^2)
4	回填土	100 m^3	0.036	4.4−0.16−0.16−0.33−0.17=3.58 (m^3)
5	80 厚碎石垫层	100 m^3	0.001 6	1.4×1.4×0.08=0.16(m^3)
6	C15 混凝土垫层	10 m^3	0.016	1.4×1.4×0.08=0.16(m^3)
7	混凝土垫层模板	100 m^2	0.005	(1.4+1.4)×2×0.08=0.45(m^2)
8	C25 混凝土基础	10 m^3	0.033	1.2×1.2×0.2+1/3×0.05×(1.2×1.2+0.5×0.5=0.33 (m^3)
9	基础模板	100 m^2	0.01	1.2×4×0.2=0.96(m^2)
10	基础底板配筋 Φ10	t	0.011 2	0.011 2 t
11	C20 混凝土亭柱	10 m^3	0.055	0.5×0.5×0.69 +0.5×0.5×0.83+0.3×0.3× 1.85=0.55(m^3)
12	亭柱模板	100 m^2	0.053	0.5×4×0.69 +0.5×4×0.85+0.3×4×1.85=5.3(m^2)
13	柱配筋 Φ12 主筋	t	0.015	0.015 t
	柱配筋 Φ6 箍筋	t	0.009	0.009 t
14	C20 混凝土亭板	10 m^3	0.18	0.07+0.58+1.16=1.81(m^3)
15	亭顶板配筋 Φ8	t	0.081	0.081 t
16	亭板模板	100 m^2	0.208	0.66+19.11+1.06=20.83(m^2)
17	亭柱抹灰	100 m^2	0.047	1.70+0.16+2.22+0.66=4.74(m^2)
18	亭板抹灰	100 m^2	0.395	19.11+1.06+19.36=39.53(m^2)
19	刷米黄色涂料	100 m^2	0.442 7	4.74+39.53=44.27(m^2)
20	柱脚手架	100 m^2	0.171	(0.5×4+3.6)×(0.85+1.85+0.35)=17.08(m^2)
	板底脚手架	100 m^2	0.194	4.4×4.4=19.36(m^2)

4. 工程计价表

工程量校核后，根据地区的预算定额，套用定额基价，计算定额直接费。先抄写分项工程名称、定额编号、单位。当借用其他定额时，定额编号必须区分。再抄写基价、人工费单价、材料费单价、机械费单价。然后计算定额直接费、人工费、机械费等。实体项目预算表见表 2-6-4，措施项目预算表见表 2-6-5，人、材、机汇总表见表 2-6-6，材料、机械、设备增值税计算表见表 2-6-7，单位工程造价汇总表见表 2-6-8。

表 2-6-4　实体项目预算表

序号	定额编号	项目名称	单位	数量	单价（元）	其中：（元）			合价（元）	其中：（元）		
						人工费	材料费	机械费		人工费	材料费	机械费
1	1-75	平整场地	10 m²	0.03	25.62	25.62			0.64	0.64		
2	1-19	人工挖地坑一、二类土	m³	4.40	16.45	16.45			72.38	72.38		
3	1-81	地坑，原土打夯	10 m²	0.40	5.87	5.03		0.84	2.35	2.01		0.34
4	1-92	基础垫层，碎石	10 m³	0.02	1 466.74	455.94	1 003.12	7.68	23.47	7.30	16.05	0.12
5	1-94	基础垫层，混凝土	10 m³	0.02	2 862.35	992.46	1 787.95	81.94	45.80	15.88	28.61	1.31
6	1-141	现浇钢筋混凝土，独立基础	m³	0.33	274.39	54.90	210.87	8.62	90.55	18.12	69.59	2.84
7	1-361	独立基础，钢筋直径 10 mm	t	0.01	5 342.78	839.88	4 444.39	58.51	58.77	9.24	48.89	0.64
8	1-79	地坑回填土，夯实	m³	3.58	13.22	11.42		1.80	47.32	40.88		6.44
9	1-148	矩形柱，断面周长 150 cm 以外	m³	0.55	380.10	138.96	219.28	21.86	209.05	76.43	120.60	12.02
10	1-361	矩形柱，钢筋直径 6 mm	t	0.01	5 342.78	839.88	4 444.39	58.51	48.09	7.56	40.00	0.53
11	1-362	矩形柱，钢筋直径 12 mm	t	0.02	5 388.94	507.78	4 728.00	153.16	80.84	7.62	70.92	2.30
12	1-173	亭屋面板，板厚 6 cm 以外	m³	1.81	447.84	195.00	222.17	30.67	810.59	352.95	402.13	55.51
13	1-361	亭屋面板，钢筋直径 8 mm	t	0.08	5 342.78	839.88	4 444.39	58.51	432.77	68.03	360.00	4.74
14	1-657	柱、梁面水泥砂浆底面	10 m²	0.47	209.41	156.66	41.35	11.40	99.26	74.26	19.60	5.40
15	1-629	天棚面，水泥石灰砂浆底	10 m²	3.95	160.93	113.75	37.96	9.22	636.16	449.65	150.06	36.45
16	[52]B5-364	防霉涂料，抹灰面	100 m²	0.44	1 136.94	525.00	442.50	169.44	503.67	232.58	196.03	75.06
		合计							3 161.71	1 435.53	1 522.48	203.70

表 2-6-5 措施项目预算表

项目编号	项目名称	单位	数量	单价（元）	合价（元）	其中:(元)		
						人工费	材料费	机械费
[51]A12-77	基础垫层木模板	100 m^2	0.01	4 155.02	20.78	3.26	17.23	0.29
4-80	独立基础模板	m^3	0.96	147.83	141.92	79.03	57.70	5.19
4-88	矩形柱模板	m^3	5.30	582.63	3 087.94	1 769.99	1 143.90	174.05
4-114	亭屋面板模板	m^3	20.83	1 038.49	21 631.75	10 275.86	10 781.82	574.07
[52]B7-20	简易脚手架,天棚	100 m^2	0.19	119.92	23.27	10.59	10.83	1.85
[52]B7-21	简易脚手架,墙面	100 m^2	0.17	36.09	6.16	3.28	2.07	0.81
	合计				24 911.82	12 142.01	12 013.55	756.26

表 2-6-6 人工、材料、机械台班(用量、单价)汇总表

编码	名称及型号规格	单位	数量	预算价（元）	市场价（元）	市场价合计(元)	价差合计(元)
人工							
10000001	综合用工一类	工日	10.81	70.00	84.00	907.78	151.3
10000002	综合用工二类	工日	211.75	60.00	74.00	15 669.65	2 964.53
10000003	综合用工三类	工日	2.47	47.00	60.00	147.98	32.06
CSRGF	措施费中的人工费	元	314.01	1.00	1.00	314.01	
材料							
AA1C0001	钢筋 Φ10 以内	t	0.10	4 290.00	4 290.00	441.87	
BA2C1016	木模板	m^3	4.59	2 300.00	2 300.00	10 568.27	
BA2C1018	木脚手板	m^3	0.01	2 200.00	2 200.00	11.88	
BB1-0101	水泥 32.5	t	1.20	360.00	360.00	430.49	
BC1-0002	生石灰	t	0.10	290.00	290.00	29.29	
BC3-0022	砾石	t	3.99	45.50	45.50	181.49	
BC3-0030	碎石	t	0.22	42.00	42.00	9.19	
BC3-2014	碎石 40 mm	m^3	0.21	61.00	61.00	13.00	
BC4-0013	中砂	t	3.02	30.00	30.00	90.65	
BK1-0005	塑料薄膜	m^2	11.40	0.80	0.80	9.12	
CA1C0007	电焊条 结 422	kg	0.10	4.14	4.14	0.40	
CSCLF	措施费中的材料费	元	328.55	1.00	1.00	328.55	

续表 2-6-6

编码	名称及型号规格	单位	数量	预算价（元）	市场价（元）	市场价合计(元)	价差合计(元)
材料							
CZB11-002	直角扣件 ≥1.1 kg/套	百套•天	37.01	1.00	1.00	37.01	
CZB11-003	对接扣件 ≥1.25 kg/套	百套•天	7.09	1.00	1.00	7.09	
CZB11-004	旋转扣件 ≥1.25 kg/套	百套•天	0.18	1.00	1.00	0.18	
CZB12-002	组合钢模板	t•天	33.58	11.00	11.00	369.40	
CZB12-004	零星卡具	t•天	7.86	11.00	11.00	86.47	
CZB12-111	支撑钢管 Φ48.3×3.6	百米•天	78.43	1.60	1.60	125.49	
DZ1-0017	防霉涂料	kg	19.94	9.60	9.60	191.38	
EF1-0009	隔离剂	kg	0.05	0.98	0.98	0.05	
FG1-0001	钢筋 20 以内	t	0.02	4 500.00	4 500.00	70.20	
IA2-2010	圆钉	kg	106.77	6.00	6.00	640.59	
IA2C0071	铁钉	kg	0.10	5.50	5.50	0.54	
IF2-0108	镀锌铁丝 22#	kg	1.08	6.70	6.70	7.25	
ZA1-0002	水	m^3	6.90	5.00	5.00	34.52	
ZG1-0001	其他材料费	元	180.33	1.00	1.00	180.33	
机械							
90000002	机械费	元	881.97	1.00	1.00	881.97	
CSJXF	措施费中的机械费	元	111.94	1.00	1.00	111.94	
JX001	折旧费(机械台班)	元	5.87	1.00	1.00	5.87	
JX002	大修理费(机械台班)	元	0.66	1.00	1.00	0.66	
JX003	经常修理费(机械台班)	元	1.78	1.00	1.00	1.78	
JX004	安拆费及场外运费(机械台班)	元	4.78	1.00	1.00	4.78	
JX005	人工(机械台班)	工日	0.01	60.00	60.00	0.37	
JX007	柴油(机械台班)	kg	0.20	9.80	9.80	1.96	
JX009	电(机械台班)	kW・h	62.50	1.00	1.00	62.50	
JX013	人工费(机械台班)	元	0.02	1.00	1.00	0.02	
JX014	其他费用(机械台班)	元	0.10	1.00	1.00	0.10	
未计价材料							
LF1-0019	含模量	m^2	343.47				

表 2-6-7 材料、机械、设备增值税计算表

编码	名称及型号规格	单位	数量	除税系数(%)	含税价格(元)	含税价格合计(元)	除税价格(元)	除税价格合计(元)	进项税额合计(元)	销项税额合计(元)
AA1C0001	钢筋 Φ10 以内	t	0.10	14.25	4 290.00	441.87	3 678.64	378.9	62.97	41.68
BA2C1016	木模板	m^3	4.59	14.25	2 300.00	10 568.27	1 972.25	9 062.29	1 505.98	996.85
BA2C1018	木脚手板	m^3	0.01	14.25	2 200.00	11.88	1 887.04	10.19	1.69	1.12
BB1-0101	水泥 32.5	t	1.20	14.25	360.00	430.49	308.71	369.15	61.34	40.61
BC1-0002	生石灰	t	0.10	14.25	290.00	29.29	248.71	25.12	4.17	2.76
BC3-0022	砾石	t	3.99	2.86	45.50	181.49	44.20	176.3	5.19	19.39
BC3-0030	碎石	t	0.22	2.86	42.00	9.19	40.81	8.93	0.26	0.98
BC3-2014	碎石 40 mm	m^3	0.21	2.86	61.00	13	59.27	12.63	0.37	1.39
BC4-0013	中砂	t	3.02	2.86	30.00	90.65	29.14	88.06	2.59	9.69
BK1-0005	塑料薄膜	m^2	11.40	14.25	0.80	9.12	0.69	7.82	1.30	0.86
CA1C0007	电焊条 结 422	kg	0.10	14.25	4.14	0.4	3.56	0.34	0.06	0.04
CSCLF	措施费中的材料费	元		6.00	1.00		0.00			
CZB11-002	直角扣件 ≥1.1 kg/套	百套•天	37.01	14.25	1.00	37.01	0.86	31.74	5.27	3.49
CZB11-003	对接扣件 ≥1.25 kg/套	百套•天	7.09	14.25	1.00	7.09	0.86	6.08	1.01	0.67
CZB11-004	旋转扣件 ≥1.25 kg/套	百套・天	0.18	14.25	1.00	0.18	0.82	0.15	0.03	0.02
CZB12-002	组合钢模板	t•天	33.58	14.25	11.00	369.4	9.43	316.76	52.64	34.84
CZB12-004	零星卡具	t•天	7.86	14.25	11.00	86.47	9.43	74.15	12.32	8.16
CZB12-111	支撑钢管 Φ48.3×3.6	百米•天	78.43	14.25	1.60	125.49	1.37	107.61	17.88	11.84
DZ1-0017	防霉涂料	kg	19.94	14.25	9.60	191.38	8.23	164.11	27.27	18.05

续表 2-6-7

编码	名称及型号规格	单位	数量	除税系数(%)	含税价格(元)	含税价格合计(元)	除税价格(元)	除税价格合计(元)	进项税额合计(元)	销项税额合计(元)
EF1-0009	隔离剂	kg	0.05	14.25	0.98	0.05	0.80	0.04	0.01	
FG1-0001	钢筋 20 以内	t	0.02	14.25	4 500.00	70.2	3 858.97	60.2	10.00	6.62
IA2-2010	圆钉	kg	106.77	14.25	6.00	640.59	5.15	549.31	91.28	60.42
IA2C0071	铁钉	kg	0.10	14.25	5.50	0.54	4.66	0.46	0.08	0.05
IF2-0108	镀锌铁丝 22＃	kg	1.08	14.25	6.70	7.25	5.75	6.22	1.03	0.68
LF1-0019	含模量	m^2	343.47	14.25			0.00			
ZA1-0002	水	m^3	6.90	2.86	5.00	34.52	4.86	33.53	0.99	3.69
ZG1-0001	其他材料费	元	180.33		1.00	180.33	1.00	180.33		19.84
90000002	机械费	元	881.97	10.870 0	1.00	881.97	0.89	786.1	95.87	86.47
CSJXF	措施费中的机械费	元		4.000 0	1.00		0.00			
JX001	折旧费(机械台班)	元	5.87	14.530 0	1.00	5.87	0.854 7	5.02	0.85	0.55
JX002	大修理费(机械台班)	元	0.66	14.530 0	1.00	0.66	0.854 7	0.56	0.10	0.06
JX003	经常修理费(机械台班)	元	1.78	10.170 0	1.00	1.78	0.898 3	1.6	0.18	0.18
JX004	安拆费及场外运费(机械台班)	元	4.78		1.00	4.78	1.00	4.78		0.53
JX005	人工(机械台班)	工日	0.01		60.00	0.37	59.68	0.37		0.04
JX007	柴油(机械台班)	kg	0.20	14.250 0	9.80	1.96	8.42	1.68	0.28	0.18
JX009	电(机械台班)	kW・h	62.50	14.250 0	1.00	62.5	0.86	53.59	8.91	5.89
JX013	人工费(机械台班)	元	0.02		1.00	0.02	1.17	0.02		
JX014	其他费用(机械台班)	元	0.10		1.00	0.1	1.02	0.1		0.01
合计	/	/	/	/	/	14 496.16	/	12 524.24	1 971.92	1 377.65

表 2-6-8　单位工程造价汇总表

序号	项目名称	计算基础	费用金额(元)
1	直接费		28 073.53
2	其中:人工费	各专业合计	13 577.54
3	具中:材料费	各专业合计	13 536.03
4	其中:机械费	各专业合计	959.96
5	其中:未计价材料费	各专业合计	
6	其中:设备费		
7	直接费中的人工费+机械费		14 537.50
8	企业管理费	各专业合计	1 599.13
9	规费	各专业合计	1 526.44
10	利润	各专业合计	872.25
11	价款调整		3 147.93
12	其中:价差		3 147.93
13	其中:独立费		
14	安全生产、文明施工费		1 595.43
15	税前工程造价		36 814.71
16	其中:进项税额		2 060.91
17	材料费、机械费、设备费价差进项税额		
18	甲供材料、甲供设备的采保费		
19	销项税额		3 822.92
20	增值税应纳税额		1 762.01
21	附加税费		237.87
22	税金		1 999.88
23	工程造价		38 814.59

钢筋混凝土亭、廊、花架等类似工程的计价方法,根据施工工序,查找相应的定额工程量计算规则,手算工程量,计价软件套定额完成工程造价。也可以参照第四章计算机软件计价方法及实例中的计价程序,利用新奔腾量筋合一、广联达钢筋、土建算量等软件完成。

第三章　工程量清单计价方法及实例

第一节　工程量清单计价解读

一、工程量清单解读

（一）工程量清单的概念

工程量清单是表现拟建工程的分部分项工程项目、措施项目、其他项目名称和相应数量的明细清单。由具有编制能力的招标人或受其委托，具有相应资质的工程造价咨询人按照招标要求和施工设计图纸要求将拟建招标工程的全部项目和内容，依据《建设工程工程量清单计价规范》(GB 50500—2013)中统一的工程量计算规则、统一的工程量清单项目编制规则，计算拟建招标工程的工程数量的表格。

（二）工程量清单的内容

工程量清单是招标文件的组成部分，同时也是承包人进行投标报价的主要参考依据之一。主要包括工程量清单说明和工程量清单表两部分。

1. 工程量清单说明

工程量清单说明主要是招标人对拟招标工程的工程量清单的编制依据以及重要作用进行解释，并明确清单中的工程量是招标人估算出来的，仅仅作为投标报价的基础，结算时的工程量应以招标人或由其授权委托的监理工程师核准的实际完成量为依据，提示投标人重视工程量清单，以及如何使用工程量清单。

2. 工程量清单表

工程量清单表作为清单项目和工程数量的载体，是工程量清单的重要组成部分，表格形式见本项目的各个任务。

合理的清单项目设置和准确的工程数量，是清单计价的前提和基础。对于招标人来说，工程量清单是进行投资控制的前提和基础，工程量清单表编制的质量直接关系和影响到工程建设的最终结果。

（三）工程量清单的组成

工程量清单由分部分项工程量清单、措施项目清单、其他项目清单、规费项目清单和税金项目清单五部分组成。

1.分部分项工程量清单

分部分项工程量清单是表明拟建工程的全部分项实体工程名称和相应工程数量的清单。包括拟建工程全部工作及为实现这些工作内容而进行的其他工作。内容上包括项目编码、项目名称、项目特征、计量单位和工程量。

2.措施项目清单

措施项目清单指为完成工程项目施工，发生于该工程施工前和施工过程中的技术、生活、安全等方面的非工程实体项目，包括施工技术和施工组织两方面。措施项目的计量单位为“项”，相应数量为1。计价时，应详细分析其所含的工作内容，然后确定其综合单价。

措施项目中的安全文明施工费必须按照国家或省级、行业建设主管部门的规定计算，不得作为竞争性费用。

3.其他项目清单

其他项目清单包括暂列金额、暂估价、计日工、总承包服务费以及根据工程实际情况补充的项目。

暂列金额：是指发包人在工程量清单中暂定并包括在工程合同价款中的一笔款项。用于施工合同签订时尚未确定或者不可预见的所需材料、工程设备、服务的采购，施工中可能发生的工程变更、合同约定调整因素出现时的工程价款调整以及发生的索赔、现场签证确认等的费用。

暂估价：指发包人在工程量清单或预算书中提供的用于支付必然发生但暂时不能确定价格的材料、工程设备的单价、专业工程以及服务工作的金额。

计日工：是指在施工过程中，承包人完成发包人提出的工程合同范围以外的零星项目或工作，按合同中约定的单价计价的一种方式。

总承包服务费：是指总承包人为配合、协调发包人进行的专业工程发包，对发包人自行采购的材料、工程设备等进行保管以及施工现场管理、竣工资料汇总整理等服务所需的费用。

4.规费项目清单

规费是政府和有关权力部门规定必须缴纳的费用。包括工程排污费，社会保障费(包括养老保险费、失业保险费、医疗保险费、工伤保险费、生育保险费)和住房公积金。

5.税金项目清单

税金项目清单应包括：增值税、城市维护建设税、教育费附加、地方教育附加。

规费和税金必须按照国家或省级、行业建设主管部门的规定计算，不得作为竞争性费用。

(四)工程量清单的编制程序

(1)工程量清单编制准备工作

(2)按图纸和计算规则计算工程量

(3)编制分部分项工程量清单

(4)编制措施项目清单

(5)编制其他项目清单

(6)编制规费、税金项目清单

(7)复核校对打印

(五)工程量清单的编制

《园林绿化工程工程量计算规范》(GB 50858—2013),规定了构成一个分部分项工程量清单的五个要件——项目编码、项目名称、项目特征、计量单位和工程量,这五个要件在分部分项工程量清单的组成中缺一不可。

1. 分部分项工程清单编码

工程量清单项目编码分为五级,用十二位阿拉伯数字表示。

一、二位为专业工程代码(01—房屋建筑与装饰工程;02—仿古建筑工程;03—通用安装工程;04—市政工程;05—园林绿化工程;06—矿山工程;07—构筑物工程;08—城市轨道交通工程;09—爆破工程。)三、四位为附录分类顺序码;五、六位为分部工程顺序码;七、八、九位为分项工程项目名称顺序码;十至十二位为清单项目名称顺序码。

2. 项目名称

项目名称应按照规范中附录的项目名称并结合拟建工程的实际确定,项目名称如有缺项,招标人可按照相应的原则进行补充,并报当地工程造价管理部门备案。

3. 项目特征

项目特征应结合拟建工程项目的实际予以描述。项目特征的描述对编制分部分项工程量清单十分重要,因为即便是一个同名称项目,由于材料、型号、规格、材质要求不同,反映在综合单价上的差别也很大。通过对项目特征的描述,使清单项目名称清晰化、具体化,这样更能反映影响造价的主要因素。

例如园路项目路面材料有混凝土路面、沥青路面、石材路面、卵石路面、片石路面等,石材应分块石、石板、砖砌,卵石应分选石、选色、拼花、不拼花等,这些都应该在工程量清单里进行描述。

4. 分部分项工程量清单计量单位

工程量是指以物理计量单位或自然计量单位所表示的各分项工程或结构构件的具体数量。计量单位应采用基本单位,除各专业另有特殊规定外,均按以下单位计量:

(1)以重量计算的项目以“t”或“kg”计算。

(2)以体积计算的项目以“m^3”计算。

(3)以面积计算的项目以“m^2”计算。

(4)以长度计算的项目以“m”计算。

(5)以自然计量单位计算的项目以“个”“套”“块”“组”计算。

(6)没有具体数量的项目以“项”计算。

《规范》对计算工程量的有效位数应遵守下列规定:

以“t”为单位,应保留小数点后三位数字,第四位小数四舍五入;

以“m”“m^2”“m^3”为单位,应保留小数点后两位数字,第三位小数四舍五入;

以“株”“丛”“个”“根”“座”“块”等为单位,应取整数。

5. 工程量的计算

工程量计算必须按照相关工程现行国家计量规范规定的工程量计算规则计算。工程量必须以承包人完成工程合同应予计量的工程量确定。除另有说明外,所有清单项目的工程量应以实际工程量为准,并以完成后的净值计算。投标人在报价时,应在单价中考虑施工中的各种损耗和需要增加的工程量。

6. 其他工程量清单的编制

编制工程量清单出现附录中未包括的项目，编制人应做补充，补充项目的编码由本规范的代码05与B和三位阿拉伯数字组成，并从05B001起顺序编码，同一招标项目的编码不得重码。补充的工程量清单需附有补充项目的名称、项目特征、计量单位、工程量计算规则、工作内容。不能计量的措施项目，需附有补充项目的名称、工作内容及包含范围。

二、工程量清单计价解读

1. 工程量清单计价的概念

工程量清单计价是指在建设工程招投标中，招标人或其委托的具有资质的中介机构编制反映工程实体消耗和措施性消耗的工程量清单，并作为招标文件的一部分提供给投标人，由投标人依据工程量清单自主报价的一种计价方式。

2. 工程量清单计价费用项目组成

工程量清单报价应采用综合单价计价，综合单价中综合了工程直接费、间接费、利润等其他费用。工程量清单报价应包括清单所列项目的全部费用，分部分项工程项目费、措施项目费、其他项目费和规费项目费以及税金项目费等五项内容。

工程量清单计价应包括按招标文件及技术规范、设计图纸等规定，实施和完成合同工程所需的人工、材料、材料检验试验、机械、措施、规费、管理、保险、利润、税金等全部费用以及合同文件规定的应由承包人承担的所有责任、义务和一定的风险。这些费用应包括在分部分项工程费、措施项目费、其他项目费和规费、税金等组成部分中。

3. 工程量清单报价的格式

(1)工程量清单计价应采用统一格式。工程量清单计价格式要随招标文件发至投标人，由投标人填写。计价格式见本项目各个任务。

(2)填表须知

①工程量清单计价格式中所有要求签字、盖章的地方，必须由规定的单位和人员签字、盖章。

②工程量清单计价格式中除另有规定外，任何内容不得修改。

③工程量清单计价格式中要求填报的单价和合价，投标人均应填报，未填报的单价与合价，视为此项费用已包含在工程量清单的其他单价与合价中。

④金额(价格)以招标文件规定的币种表示。

(3)编制总说明

(4)投标总价

(5)分部分项工程量清单计价表

(6)单位工程费汇总表

(7)单位工程费汇总表(含主材、管理费和利润)

(8)措施项目清单与计价

(9)其他项目清单与计价表

(10)暂列金额明细表

(11)暂估价表

(12)总承包服务费计价表

(13)计日工表

(14)招标人供应材料、设备明细表

(15)主要材料、设备明细表

(16)分部分项工程量清单综合单价分析表

(17)措施项目费分析表

(18)签证及索赔计价表

(19)规费明细表

以上表格形式参见本项目的各个任务。

4.工程量清单计价过程

工程量清单计价过程可以分为两个阶段:工程量清单编制阶段和工程量清单报价阶段。

工程量清单编制阶段主要是招标单位在统一的工程量计算规则的基础上制定工程量清单项目,并根据具体工程的施工图纸统一计算出各个清单项目的工程量。报价阶段是投标单位综合工程造价信息和经验数据,结合工程量清单计算得到工程造价。

5.熟悉工程量清单编制及清单计价方法

工程量清单计价采用综合单价计算方法。

综合单价是报价人在保持企业最低成本的基础上,所提出的分部分项工程的竞争单价。所谓最低成本,一是完成分部分项工程所需的人工费、机械费、材料费,这三者应是在保证工程质量的前提下,使所用人工最少,材料价格最低;二是精简机构减少管理费用,采取薄利多销策略,使管理费和利润率降低,只有这样形成的单价才具有竞争力。

这里注意,编制标底和投标报价在计算工程量清单综合单价时稍有区别。

编制标底是指招标人或委托制标机构,对招标项目所需的工程费用,预算出其工程总造价的费用文件。招标标底的计价标准,是根据政府主管部门颁发的统一基价表及费用文件。

综合单价是指完成一个规定清单项目所需的人工费、材料费、机械费、管理费、利润以及一定范围内的风险费用。这些费用的计算方法如下:

(1)综合单价中的人工费、材料费、机械费的计算　编制标底时,人材机三项可根据定额,按下式计算综合单价:

$$\text{人工费} = \sum(\text{分部分项工程量} \times \text{定额人工费})$$

$$\text{材料费} = \sum(\text{分部分项工程量} \times \text{定额材料费})$$

$$\text{机械使用费} = \sum(\text{分部分项工程量} \times \text{定额机械费})$$

(2)综合单价中管理费和利润的计算　管理费和利润的计算,应按照当地计价管理办法,计费方法如下:

$$\text{管理费} = (\text{人工费} + \text{机械费}) \times \text{管理费率}$$

$$\text{利润} = (\text{人工费} + \text{机械费}) \times \text{利润率}$$

(3)综合单价中风险因素的计算　综合单价中的风险因素,应根据工程费大小,施工现场条件等,由施工企业自行确定,一般情况下,为降低投标的报价,多不含风险因素费。如果考虑风险因素,应根据风险大小制定一个风险因素费率,可按下式计算:

$$\text{风险因素费} = (\text{人工费} + \text{材料费} + \text{机械费}) \times \text{风险因素费率}$$

(4)综合单价的计算　综合单价是上述费用的合价：

综合单价＝人工费＋材料费＋机械费＋管理费＋利润＋风险因素费

第二节　园林绿化工程量清单计价实例

一、工程量清单项目设置及工程量计算规则

1.绿地整理工程量清单项目设置及工程量计算规则

绿地整理工程量清单项目设置及工程量计算规则，见表3-2-1。

表3-2-1　绿地整理

<table>
<tr><th>项目编码</th><th>项目名称</th><th>项目特征</th><th>计量单位</th><th>工程量计算规则</th><th>工作内容</th></tr>
<tr><td>050101001</td><td>砍伐乔木</td><td>树干胸径</td><td rowspan="2">株</td><td rowspan="2">按数量计算</td><td>1.砍伐
2.废弃物运输
3.场地清理</td></tr>
<tr><td>050101002</td><td>挖树根</td><td>地径</td><td>1.挖树根
2.废弃物运输
3.场地清理</td></tr>
<tr><td>050101003</td><td>砍挖灌木丛及根</td><td>丛高或蓬径</td><td>1.株(丛)
2.m²</td><td>1.以株计量，按数量计算
2.以平方米计量，按面积计算</td><td rowspan="3">1.砍挖
2.废弃物运输
3.场地清理</td></tr>
<tr><td>050101004</td><td>砍挖竹及根</td><td>根盘直径</td><td>株(丛)</td><td>按数量计算</td></tr>
<tr><td>050101005</td><td>砍挖芦苇(或其他水生植物)及根</td><td>根盘丛径</td><td rowspan="4">m²</td><td rowspan="3">按面积计算</td></tr>
<tr><td>050101006</td><td>清除草皮</td><td>草皮种类</td><td>1.除草
2.废弃物处理
3.场地清理</td></tr>
<tr><td>050101007</td><td>清除地被植物</td><td>植物种类</td><td>1.清除植物
2.废弃物处理
3.场地清理</td></tr>
<tr><td>050101008</td><td>屋面清理</td><td>1.屋面做法
2.屋面高度</td><td>按设计图示尺寸以面积计算</td><td>1.原屋面清扫
2.废弃物处理
3.场地清理</td></tr>
</table>

2.栽植花木工程量清单项目设置及工程量计算规则

栽植花木工程量清单项目设置及工程量计算规则，见表3-2-2。

表 3-2-2　栽植花木

项目编码	项目名称	项目特征	计量单位	工程量计算规则	工作内容
050102001	栽植乔木	1.种类 2.胸径或干径 3.株高,冠径 4.起挖方式 5.养护期	株	按设计图示数量计算	1.起挖 2.运输 3.栽植 4.养护
050102002	栽植灌木	1.种类 2.根盘直径 3.灌丛高 4.蓬径 5.起挖方式 6.养护期	1.株 2.m^2	1.以株计量,按设计图示数量计算 2.以平方米计量,按设计图示尺寸以绿化水平投影面积计算	
050102003	栽植竹类	1.竹种类 2.竹胸径或根盘丛径 3.养护期	株(丛)	按设计图示数量计算	
050102004	栽植棕榈类	1.种类 2.株高,地径 3.养护期	株		
050102005	栽植绿篱	1.种类 2.篱高 3.行数,蓬径 4.单位面积株数 5.养护期	m/m^2	1.以米计量,按设计图示延长米计算 2.以平方米计量,按设计图示尺寸以绿化水平投影面积计算	
050102006	栽植攀缘植物	1.植物种类; 2.地径 3.单位长度株数 4.养护期	1.株 2.m^2	1.以株计量,按设计图示数量计算 2.以米计量,按设计图示延长米计算	
050102007	栽植色带	1.苗木花卉种类 2.株高或蓬径 3.单位面积株树 4.养护期	m^2	按设计图示尺寸以绿化水平投影面积计算	
050102008	栽植花卉	1.花卉种类 2.株高或蓬径 3.单位面积株数 4.养护期	1.株(丛,缸) 2.m^2	1.以株(丛,缸)计量,按设计图示数量计算 2.以平方米计量,按设计图示尺寸以水平投影面积计算	1.起挖 2.运输 3.栽植 4.养护
050102009	栽植水生植物	1.植物种类 2.株高或蓬径或芽数/株 3.单位面积株数 4.养护期	1.株(丛,缸) 2.m^2		

续表 3-2-2

项目编码	项目名称	项目特征	计量单位	工程量计算规则	工作内容
050102010	垂直墙体绿化种植	1.植物种类 2.生长年数或地(干)径 3.栽植容器材质,规格 4.栽植机制种类,厚度 5.养护期	1.m^2 2.m	1.以平方米计量,按设计图示尺寸以绿化水平投影面积计算 2.以米计量,按设计图示种植长度延长米计算	1.起挖 2.运输 3.栽植容器安装 4.栽植 5.养护
050102011	花卉立体布置	1.草本花卉种类 2.高度或蓬径 3.单位面积蓬径 4.种植形式 5.养护期	1.单体(处) 2.m^2	1.以单体(处)计量,按设计图示数量计算 2.以平方米计量,按设计图示尺寸以面积计算	1.起挖 2.运输 3.栽植 4.养护
050102012	铺种草皮	1.草皮种类 2.铺种方式 3.养护期	m^2	按设计图示尺寸以绿化水平投影面积计算	1.起挖 2.运输 3.铺底砂(土) 4.栽植 5.养护
050102013	喷播植草(灌木)籽	1.基层材料种类和规格 2.草(灌木)籽种类 3.养护期			1.基层处理 2.坡地细整 3.喷播 4.覆盖 5.养护
050102014	植草砖内植草	1.草坪种类 2.养护期			1.起挖 2.运输 3.覆土(砂) 4.铺设 5.养护
050102015	挂网	1.种类 2.规格	m^2	按设计图示尺寸以挂网投影面积计算	1.制作 2.运输 3.安放
050102016	箱(钵)栽植	1.箱/钵体材料品种 2.箱/钵体外型尺寸 3.栽植植物种类和规格 4.土质要求 5.防护材料种类 6.养护期	个	按设计图示箱/钵数量计算	1.制作 2.运输 3.安放 4.栽植 5.养护

3. 绿地喷灌工程量清单项目设置及工程量计算规则

绿地喷灌工程量清单项目设置及工程量计算规则，见表 3-2-3。

表 3-2-3 绿地喷灌

项目编码	项目名称	项目特征	计量单位	工程量计算规则	工作内容
050103001	喷灌管线安装	1. 管道品种，规格 2. 管件品种，规格 3. 管道固定方式 4. 防护材料种类 5. 油漆品种，刷漆遍数	m	按设计图示管道中心线长度以延长米计算，不扣除检查（阀门）井，阀门，管件及附件所占的长度	1. 管道铺设 2. 管道固筑 3. 水压试验 4. 刷防护材料，油漆
050103002	喷灌配件安装	管道附件，阀门，喷头品种，规格管道附件，阀门，喷头固定方式 防护材料种类 油漆品种，刷漆遍数	个	按设计图示数量计算	1. 管道附件，阀门，喷头安装 2. 水压试验 3. 刷防护材料，油漆

二、园林绿化工程量清单计价实例

某段道路两边绿化植物配置如表 3-2-4 所示。苗木养护期为一年，所有苗木价格按现行市场价计算。编制工程量清单计价表，完成工程造价。

表 3-2-4 分部分项工程量清单

序号	项目编码	项目名称	项目特征	计量单位	工程数量
1	050101010001	整理绿化用地	厚 30 cm 的正负挖、填、找平，松填土	m^2	3 000
2	050102001001	栽植国槐	栽植带土球乔木，$H=3$ m，起挖，设三角支撑，整形，养护浇水一年	株	84
3	050102002001	栽植榆叶梅	栽植带土球灌木，$H=1.2$ m，起挖，整形，养护浇水一年	株	40
4	050102005001	栽植珍珠线绣菊	片植绿篱，$H=0.4$ m，16 株/m^2，养护浇水一年	m^2	150
5	050102008001	栽植花卉	草本花卉，月季，16 株/m^2 养护浇水一年	m^2	150
6	050102012001	铺种草皮	野牛草，满铺，养护浇水一年	m^2	1 200

1. 计算分项工程工程量

工程量清单计价模式下，工程量按净量计算，绿化种植工程量见已给出的分部分项工程量清单。

2. 编制工程量清单计价表

依次编制分部分项工程量清单综合单价分析表，措施项目费分析表，材料、机械、设备增值税计算表，单位工程费汇总表，见表 3-2-5 至表 3-2-8。

表 3-2-5 分部分项工程量清单综合单价分析表

序号	项目编码（定额编号）	项目名称	单位	数量	综合单价（元）	合价（元）	综合单价组成（元）			
							人工费	材料费	机械费	管理费和利润
1	050101010001	整理绿化用地	m^2	3 000.00	4.25	12 750.00	3.60	0.33		0.33
	1-28	整理绿化用地	10 m^2	300.00	42.51	12 753.00	36.04	3.25		3.22
2	050102001001	栽植乔木	株	84.00	580.35	48 749.40	229.54	247.03	75.05	28.73
	1-57	起挖国槐	株	84.00	235.29	19 764.36	104.41	75.14	41.83	13.91
	1-77	栽植国槐	株	84.00	118.30	9 937.20	76.29	2.70	29.28	10.03
	1-276	后期管理费，国槐	株·年	84.00	66.76	5 607.84	48.84	9.19	3.94	4.79
		国槐	株	84.00	160.00	13 440.00		160.00		
3	050102002001	栽植灌木	株	40.00	271.47	10 858.80	60.39	203.30	2.15	5.63
	1-119	起挖榆叶梅	株	40.00	3.96	158.40	3.63			0.33
	1-133	栽植榆叶梅	株	40.00	4.90	196.00	4.29	0.23		0.38
	1-282	后期管理费，榆叶梅	株·年	40.00	62.61	2 504.40	52.47	3.07	2.15	4.92
		榆叶梅	株	40.00	200.00	8 000.00		200.00		
4	050102005001	栽植绿篱	m^2	150.00	118.86	17 829.00	16.65	97.80	2.63	1.77
	1-184	栽植成片绿篱，珍珠线绣菊	10 m^2	15.00	104.95	1 574.25	93.24	3.40		8.31
	1-285	后期管理费，绿篱，片植珍珠线绣菊	m^2·年	150.00	18.36	2 754.00	7.33	7.46	2.63	0.94
		珍珠线绣菊	m^2	150.00	90.00	13 500.00		90.00		
5	050102008001	栽植花卉	m^2	150.00	116.04	17 406.00	18.82	93.18	2.12	1.91
	1-200	露地花卉栽植，月季	10 m^2	15.00	149.10	2 236.50	100.05	40.13		8.92
	1-289	后期管理费，月季	m^2·年	150.00	8.84	1 326.00	2.15	4.22	2.05	0.42
	1-273	月季换土，厚度 0.3 m	10 m^2	15.00	122.94	1 844.10	66.67	49.50	0.74	6.03

续表 3-2-5

序号	项目编码（定额编号）	项目名称	单位	数量	综合单价（元）	合价（元）	综合单价组成（元）			
							人工费	材料费	机械费	管理费和利润
		月季	m^2	150.00	80.00	12 000.00		80.00		
6	050102012001	铺种草皮	m^2	1 200.00	68.65	82 380.00	20.55	43.31	2.66	2.13
	1-232	起挖草皮，野牛草	10 m^2	120.00	14.11	1 693.20	12.95			1.16
	1-234	草皮铺种，满铺，野牛草	10 m^2	120.00	105.02	12 602.40	89.54	7.50		7.98
	1-287	后期管理费，冷草，野牛草	m^2·年	1 200.00	16.44	19 728.00	3.63	9.61	2.59	0.61
	1-273	野牛草换土，厚度 0.3 m	10 m^2	120.00	122.94	14 752.80	66.67	49.50	0.74	6.03
		野牛草	m^2	1 200.00	28.00	33 600.00		28.00		

表 3-2-6 总价措施项目费分析表

序号	项目编码（定额编号）	项目名称	计算基数（元）	费率（%）	金额（元）	其中：（元）			
						人工费	材料费	机械费	管理费和利润
	4-15	树木支撑（原木桩），三脚桩，1.2 m		3.058	1 279.32	4.29	10.56		0.38
	4-29	草绳绕树干（胸径 10 cm 以内）		2.039	1 626.91	2.89	13.00		0.25
	4-38	树干刷涂白剂 1.5 m 高（树干胸径 10 cm 以内）		1.7	99.96	7.40	3.84		0.66

表 3-2-7 材料、机械、设备增值税计算表

编码	名称及型号规格	单位	数量	除税系数（%）	含税价格（元）	含税价格合计（元）	除税价格（元）	除税价格合计（元）	进项税额合计（元）	销项税额合计（元）
材料										
	月季	m^2	150.00		80.00	12 000	80.00	12 000.00		1 320.00
	国槐	株	84.00		160.00	13 440	160.00	13 440.00		1 478.40
	榆叶梅	株	40.00		200.00	8 000	200.00	8 000.00		880.00

续表 3-2-7

编码	名称及型号规格	单位	数量	除税系数(%)	含税价格(元)	含税价格合计(元)	除税价格(元)	除税价格合计(元)	进项税额合计(元)	销项税额合计(元)
	野牛草	m^2	1 200.00		28.00	33 600	28.00	33 600.00		3 696.00
	珍珠线绣菊	m^2	150.00		90.00	13 500	90.00	13 500.00		1 485.00
BA2-3047	原木杆长 1.2 m	根	252.00	14.25	3.52	887.04	3.02	760.64	126.40	83.67
CD1Y0056	种植土	m^3	405.00	2.86	16.50	6 682.5	16.03	6 491.38	191.12	714.05
IF2-0102	镀锌铁丝 10#	kg		14.25	5.00		0.00			
IF2-2001	镀锌铁丝 8#～12#	kg	84.84	14.25	5.90	500.56	5.06	429.23	71.33	47.22
LY1-0177	草坪肥	kg	120.00	11.28	2.53	303.6	2.24	269.35	34.25	29.63
LY1-0178	尿素	kg	2.40	11.28	2.64	6.34	2.35	5.63	0.71	0.62
LY1-0179	农药	kg	92.22	11.28	30.80	2 840.38	27.33	2 519.99	320.39	277.20
YL1-0005	涂白剂	kg	13.44	14.25	2.40	32.26	2.06	27.66	4.60	3.04
YL1-0008	原木杆长 3 m	根		14.25	7.50		0.00			
ZA1-0002	水	m^3	2 420.46	2.86	5.00	12 102.3	4.86	11 756.17	346.13	1 293.18
ZB1-0011	麻袋	m^2	92.40	14.25	3.80	351.12	3.26	301.09	50.03	33.12
ZB1-0013	草绳	kg	1 191.60	14.25	6.50	7 745.4	5.57	6 641.68	1 103.72	730.58
ZG1-0001	其他材料费	元	130.20		1.00	130.2	1.00	130.20		14.32
ZL1-3008	肥料	kg	25.16	11.28	1.80	45.29	1.60	40.18	5.11	4.42
ZL1-3049	有机肥(土堆肥)	m^3	1.88	11.28	285.00	534.38	252.85	474.10	60.28	52.15
LY1-0011	花苗	株	3 750.00	11.28			0.00			
LY1-0172	草皮	m^2	1 320.00	11.28			0.00			
	小计					112 701.37		110 387.36	2 314.01	12 142.60
机械										
90000002	机械费	元	10 300.10	10.870 0	1.00	10 300.1	0.89	9 180.48	1 119.62	1 009.85
	小计					10 300.10		9 167.14	1 132.96	1 009.85
合计	/	/	/	/	/	123 001.47	/	119 554.50	3 446.97	13 152.45

表 3-2-8 单位工程费汇总表

序号	名称	计算基数	费率（%）	金额（元）	其中:(元)		
					人工费	材料费	机械费
1	分部分项工程量清单计价合计	/	/	189 973.20	62 477.46	110 491.52	10 294.70
2	措施项目清单计价合计	/	/	3 006.19	713.83	2 229.70	
2.1	单价措施项目工程量清单计价合计	/	/				
2.2	其他总价措施项目清单计价合计	/	/		713.83	2 229.70	
3	其他项目清单计价合计	/	/		/	/	/
4	规费	/	/	5 340.21	/	/	/
5	安全生产、文明施工费	/	/		/	/	/
6	税前工程造价	/	/	198 319.60			
6.1	其中:进项税额	/	/	3 555.29	/	/	/
7	销项税额	/	11	21 424.07	/	/	/
8	增值税应纳税额	/	/	17 868.78	/	/	/
9	附加税费	/	13.5	2 412.29	/	/	/
10	税金	/	/	20 281.07	/	/	/
/	合计	/	/	218 600.67	63 191.29	112 721.22	10 294.70

第三节 园路工程量清单计价实例

一、工程量清单项目设置及工程量计算规则

园路工程量清单项目设置及工程量清单计算规则见表 3-3-1。

表 3-3-1 园路工程量清单项目设置及工程量计算规则

<table>
<tr><th>项目编码</th><th>项目名称</th><th>项目特征</th><th>计量单位</th><th>工程量计算规则</th><th>工作内容</th></tr>
<tr><td>050201001</td><td>园路</td><td rowspan="2">1. 路床土石类别
2. 垫层厚度，宽度，材料种类
3. 路面厚度，宽度，材料种类
4. 砂浆强度等级</td><td rowspan="2">m^2</td><td>按设计图示尺寸以面积计算，不包括路牙</td><td rowspan="2">1. 路基路床整理
2. 垫层铺筑
3. 路面铺筑
4. 路面养护</td></tr>
<tr><td>050201002</td><td>踏（蹬）道</td><td>按设计图示尺寸以水平投影面积计算，不包括路牙</td></tr>
<tr><td>050201003</td><td>路牙铺设</td><td>1. 垫层厚度，材料种类
2. 路牙厚度，材料种类
3. 砂浆强度等级</td><td>m</td><td>按设计图示尺寸以长度计算</td><td>1. 基层清理
2. 垫层铺设
3. 路牙铺设</td></tr>
<tr><td>050201004</td><td>树池围牙，盖板（箅子）</td><td>1. 围牙材料种类，规格
2. 铺设方式
3. 盖板材料种类，规格</td><td>1. m
2. 套</td><td>1. 以米计量，按设计图示尺寸以长度计算
2. 以套计量，按设计图示数量计算</td><td>1. 清理基层
2. 围牙盖板运输
3. 围牙盖板铺设</td></tr>
<tr><td>050201005</td><td>嵌草砖（格）铺装</td><td>1. 垫层厚度
2. 铺设方式
3. 嵌草砖品种，规格，颜色</td><td>m^2</td><td>按设计图示尺寸以面积计算</td><td>1. 原土夯实
2. 垫层铺设
3. 铺砖</td></tr>
</table>

二、园路工程量清单计价实例

根据图 3-3-1 广场园路示意图和园路分部分项工程量清单表 3-3-2，编制工程量清单计价表，完成工程造价。

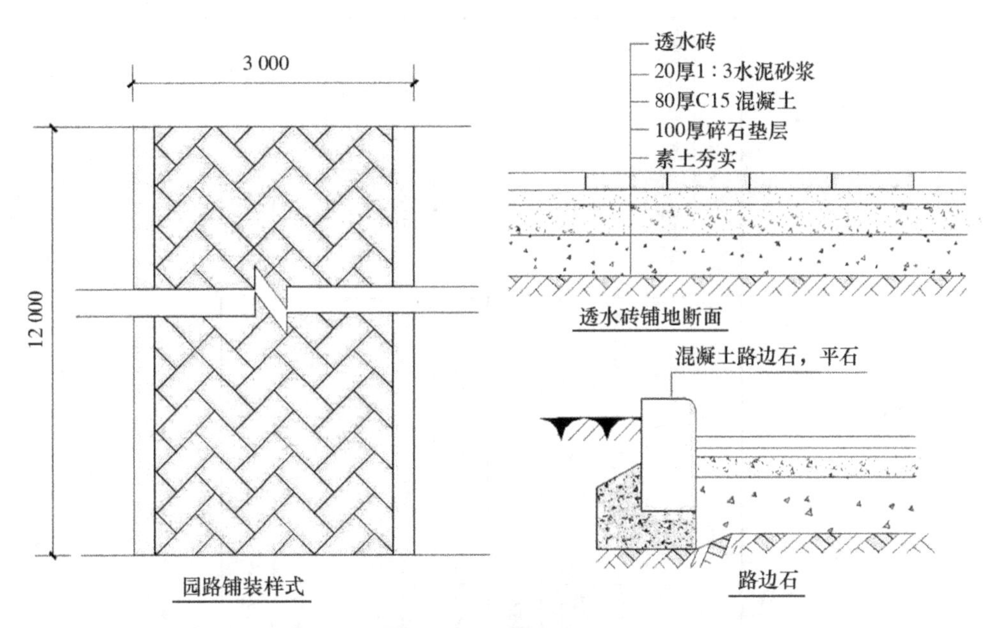

图 3-3-1 园路示意图

表 3-3-2 园路分部分项工程量清单

序号	项目编码	项目名称	项目特征	计量单位	工程数量
1	050201001001	园路	1.80 厚 C15 混凝土垫层 2.100 厚碎石垫层 3.透水砖	m^2	36
2	050201003001	路牙铺设	1.100 厚 C15 混凝土垫层 2.混凝土路牙石，平石	m	24

1.计算分项工程工程量

计算分项工程工程量，见表 3-3-3。

表 3-3-3 广场园路工程量计算表

序号	分项工程名称	单位	计算式	数量
1	园路土基，整理路床	10 m^2	$12\times(3+0.05\times2)=37.20(m^2)$	3.72
2	100 厚基础垫层，碎石	10 m^3	$12\times(3+0.05\times2)\times0.1=3.72(m^3)$	0.372
3	C15 混凝土垫层	10 m^3	$12\times(3+0.05\times2)\times0.08=2.976(m^3)$	0.298
4	20 厚 1∶3水泥砂浆	100 m^2	$12\times3=36(m^2)$	0.36
5	透水砖路面铺筑	10 m^2	$12\times3=36(m^2)$	3.6
6	混凝土路边石，平石	100 m	24 m	0.24

2.编制工程量清单计价表

依次编制分部分项工程量清单综合单价分析表，材料、机械、设备增值税计算表，单位工程费汇总表，见表 3-3-4 至表 3-3-6。

表 3-3-4 分部分项工程量清单综合单价分析表

序号	项目编码（定额编号）	项目名称	单位	数量	综合单价（元）	合价(元)	综合单价组成(元)			
							人工费	材料费	机械费	管理费和利润
1	050201001001	园路	m^2	36.00	69.81	2 513.16	35.05	29.09	0.96	4.70
	2-1	园路土基,整理路床	10 m^2	3.72	36.62	136.23	32.41			4.21
	2-4	基础垫层,碎石	10 m^3	0.37	1 243.55	462.60	499.50	669.90	8.06	66.09
	2-5	基础垫层,混凝土,C15	10 m^3	0.30	3 310.11	986.41	1 153.66	1 919.66	75.11	161.68
	[52]B1-27	水泥砂浆找平层(平面 20 mm)	100 m^2	0.36	1 121.63	403.79	566.84	451.25	25.86	77.68
	2-33	路面铺筑,透水砖	10 m^2	3.60	145.58	524.09	113.22	17.67		14.69
2	050201003001	路牙铺设	m	24.00	17.66	423.84	4.17	12.96		0.54
	2-35	混凝土路边石安装	100 m	0.24	1 766.43	423.94	416.77	1 295.59		54.07

表 3-3-5　材料、机械、设备增值税计算表

编码	名称及型号规格	单位	数量	除税系数(%)	含税价格(元)	含税价格合计(元)	除税价格(元)	除税价格合计(元)	进项税额合计(元)	销项税额合计(元)
材料										
BB1-0101	水泥 32.5	t	1.28	14.25	360.00	461.45	308.70	395.69	65.76	43.53
BC1-0002	生石灰	t	0.04	14.25	290.00	10.35	248.46	8.87	1.48	0.98
BC3-0030	碎石	t	3.64	2.86	42.00	152.96	40.80	148.59	4.37	16.34
BC3-2008	碎石	m^3	5.93	2.86	42.00	249.2	40.80	242.07	7.13	26.63
BC4-0013	中砂	t	3.82	2.86	30.00	114.75	29.14	111.47	3.28	12.26
BC4-0016	中砂	m^3	1.80	2.86	35.00	63	34.00	61.20	1.80	6.73
CSCLF	措施费中的材料费	元		6.00	1.00		0.00			
ZA1-0002	水	m^3	2.70	2.86	5.00	13.5	4.86	13.11	0.39	1.44
ZG1-0001	其他材料费	元	0.73		1.00	0.73	1.00	0.73		0.08
ZS1-0221	混凝土路边石(平石)	m	24.36	14.25	12.00	292.32	10.29	250.66	41.66	27.57
	透水砖	m^2	36.00		65.00	2 340	65.00	2 340.00		257.40
CD1Y0005	透水砖	m^2	36.72	14.25			0.00			
	小计					3 698.26		3 572.40	125.86	392.96
机械										
00006016-1	灰浆搅拌机 200 L	台班	0.09	2.1170	103.45	9.31	101.22	9.11	0.20	1.00
90000002	机械费	元	25.38	10.870 0	1.00	25.38	0.89	22.62	2.76	2.49
CSJXF	措施费中的机械费	元		4.000 0	1.00		0.00			
	小计					34.69		31.70	2.99	3.49
合计	/	/	/	/	/	3 732.95	/	3 604.10	128.85	396.45

表 3-3-6 单位工程费汇总表

序号	名称	计算基数	费率（%）	金额（元）	其中：（元）		
					人工费	材料费	机械费
1	分部分项工程量清单计价合计	/	/	5 277.00	1 361.88	3 698.28	34.56
2	措施项目清单计价合计	/	/				
2.1	单价措施项目工程量清单计价合计	/	/				
2.2	其他总价措施项目清单计价合计	/	/				
3	其他项目清单计价合计	/	/		/	/	/
4	规费	/	/	119.88	/	/	/
5	安全生产、文明施工费	/	/	207.70	/	/	/
6	税前工程造价	/	/	5 604.58			
6.1	其中：进项税额	/	/	137.93	/	/	/
7	销项税额	/	11.000	601.33	/	/	/
8	增值税应纳税额	/	/	463.40	/	/	/
9	附加税费	/	13.500	62.56	/	/	/
10	税金	/	/	525.96	/	/	/
/	合计	/	/	6 130.54	1 361.88	3 698.28	34.56

第四节 花架工程量清单计价实例

一、工程量清单项目设置及工程量计算规则

花架工程量清单计算规则见表 3-4-1。

表 3-4-1 花架工程量清单计算规则

项目编码	项目名称	项目特征	计量单位	工程量计算规则	工作内容
050304001	现浇混凝土花架柱、梁	1. 柱截面、高度、根数 2. 盖梁截面、高度、根数 3. 连系梁截面、高度、根数 4. 混凝土强度等级	m^3	按设计图示尺寸以体积计算	1. 模板制作、运输、安装、拆除、保养 2. 混凝土制作、运输、浇筑、振捣、养护

续表 3-4-1

项目编码	项目名称	项目特征	计量单位	工程量计算规则	工作内容
050303002	预制混凝土花架柱、梁	1. 柱截面、高度、根数 2. 盖梁截面、高度、根数 3. 连系梁截面、高度、根数 4. 混凝土强度等级 5. 砂浆配合	m^3		1. 模板制作、运输、安装、拆除、保养 2. 混凝土制作、运输、浇筑、振捣、养护 3. 构件运输、安装 4. 砂浆制作、运输 5. 接头灌缝、养护
050304003	金属花架柱、梁	1. 钢材品种、规格 2. 柱、梁截面 3. 油漆品种、刷漆遍数	t	按设计图示以质量计算	1. 制作、运输 2. 安装 3. 油漆
050304004	木花架柱、梁	1. 木材种类 2. 柱、梁截面 3. 连接方式 4. 防护材料种类	m^3	按设计图示截面乘长度(包括榫长)以体积计算	1. 构件制作、运输、安装 2. 刷防护材料、油漆
050304005	竹花架柱、梁	1. 竹种类 2. 竹胸径 3. 油漆品种、刷漆遍数	1. m 2. 根	1. 以长度计量,按设计图示花架构件尺寸以延长米计算 2. 以根计量,按设计图示花架柱、梁数量计算	1. 制作 2. 运输 3. 安装 4. 油漆

二、花架工程量清单计价实例

根据图 3-4-1 花架施工图,包括平面图、立面图、剖面图、基础断面图,及表 3-4-2 分部分项工程量清单,编制工程量清单计价表,完成工程造价。

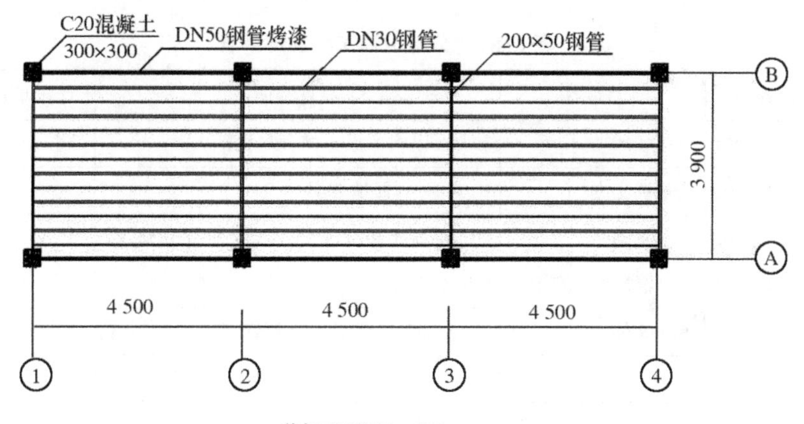

图 3-4-1 花架施工图

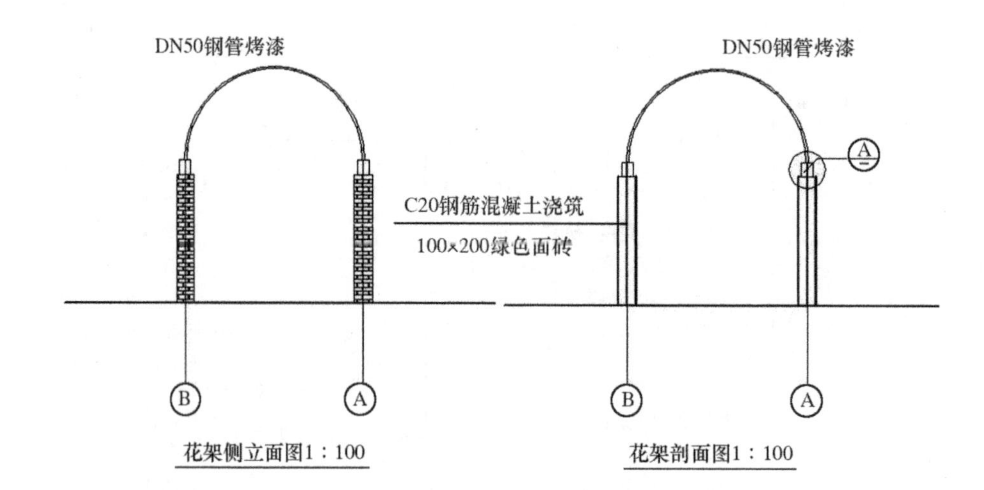

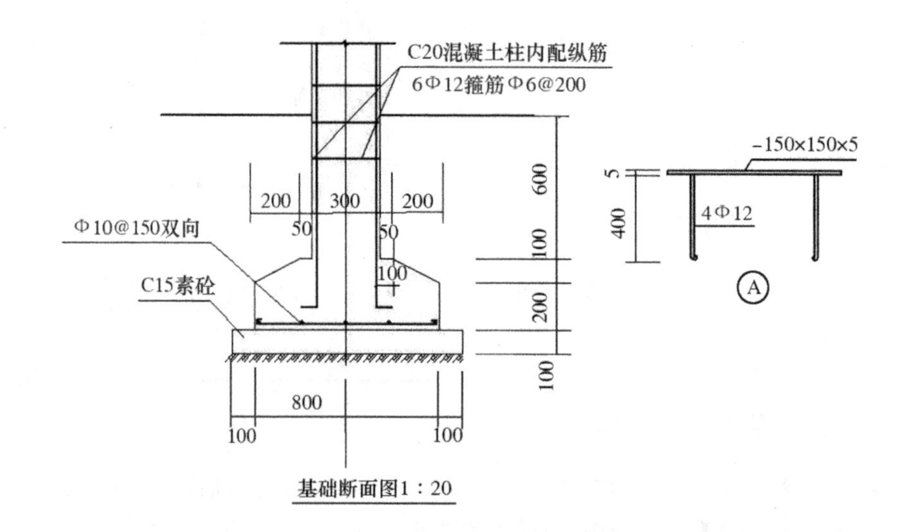

续图 3-4-1

表 3-4-2 分部分项工程量清单表

序号	项目编码	项目名称	项目特征	计量单位	工程数量
1	010101001001	平整场地	30 cm 以内的原土挖、填、找平	m^2	57.96
2	010101004001	挖基坑土方	二类干土，回填夯实	m^3	20.48
3	010501003001	独立基础	C15 混凝土垫层，C25 混凝土独立基础	m^3	1.323
4	050304001001	现浇混凝土花架柱	C20 混凝土	m^3	2.526
5	010516002001	预埋铁件	150 mm×150 mm 10 厚钢板	t	0.007
6	010604001001	钢梁	DN50 钢管，DN50 钢管，200×50 钢管	t	1.111

1. 计算分项工程工程量

依据现行定额项目划分，划分工程项目，依据计量单位，写出计算过程。

(1)平整场地：工程量按外边线每边各加宽 2 m，以平方米计算，

(4.2+4)×(4.5×3+0.3+4)=145.96 (m^2)

(2)挖地坑:按照土壤类别区分干土和湿土,以立方米计算,

(0.8+0.2+0.3×2)×(0.8+0.2+0.3×2)×1×8=20.48 (m^3)

(3)地坑打夯:以平方米计算,

(0.8+0.2+0.3×2)×2×8=2.56 (m^2)

(4)基础垫层,混凝土:以立方米计算,

(0.8+0.2)×(0.8+0.2)×0.1×8=0.8 (m^3)

(5)基础垫层,模板:以平方米计算,

1×4×0.1×8=3.2 (m^2)

(6)现浇钢筋混凝土,独立基础:以立方米计算,

0.8×0.8×0.2×8+1÷3×0.1×(0.8×0.8+0.4×0.4+0.32)×8=1.323 (m^3)

(7)独立基础钢筋直径 10 mm:直径 10 mm 钢筋 0.617 kg/m,以吨计算,

(0.8+6.25×0.01×2)×(0.8÷0.2+1)×2×0.617×8÷1 000=0.046 (t)

(8)独立基础模板:以平方米计算,

0.8×4×0.2+4×1/2×(0.4+0.8)×0.1×2.236 07×8=4.933 (m^2)

(9)地坑回填土,夯实:挖土的体积减去垫层的体积减去基础的体积,以立方米计算,

20.48−0.8−1.323−(0.3×0.3×0.6)=18.303 (m^3)

(10)矩形柱,现浇混凝土:地面以上高度 2.7 m,砼块高 0.3 m。共 8 根,以立方米计算,

0.3×0.3×(0.6+2.7)×8+0.3×0.25×0.25×8=2.526 (m^3)

(11)矩形柱钢筋

主筋直径 12 mm:直径 12 mm 钢筋 0.888 kg/m,以吨计算,

6×(2.7+0.6+0.1+0.2+0.1−0.025×2)×0.888×8÷1 000=0.156 (t)

箍筋直径 6 mm:用直径 6.5 mm 钢筋代替,0.26 kg/m,以吨计算,

2×(0.3+0.3)×[(2.7+0.6+0.1+0.2)÷0.2+1]×0.26×8÷1000=0.047 (t)

(12)矩形柱模板:以平方米计算,

0.3×4×3.3×8+0.25×4×0.3×8=34.08 (m^2)

(13)直径 12 mm 钢筋铁件:直径 12 mm 钢筋 0.888 kg/m,以吨计算,

4×(0.4+6.25×0.012)×0.888×8÷1 000=0.013 (t)

(14)钢板制作、安装:39.25 t/m^2,以吨计算,

0.15×0.15×8×39.25÷1 000=0.007 (t)

(15)DN50 钢管:壁厚按 5 mm 考虑。

每米重量:3.141 6×0.5×(5−0.5)×100×7.85÷1 000=5.55 (kg/m)

DN50 钢管:以吨计算,(4.5×3×2)×5.55÷1 000=0.150 (t)

(16)DN30 钢管:壁厚按 5 mm 考虑。

每米重量:3.141 6×0.5×(3−0.5)×100×7.85÷1 000=3.08 (kg/m)

DN30 钢管,以吨计算,(12×4.5×3)×3.08÷1 000=0.499 (t)

(17)200×50 钢管

每米重量：(20×5－19×4)×100×7.85÷1 000＝18.84 (kg/m)

200×50 钢管，以吨计算，π×3.9×1÷2×4×18.84÷1 000＝0.462 (t)

根据以上工程量计算过程分析，通过列表方式计算工程量。先填写分部分项工程名称、列出计算式、调整计量单位，得出工程数量，最后校核。工程量计算表见表 3-4-3。

表 3-4-3 花架工程量计算表

序号	分项工程名称	单位	工程量	工程量表达式
1	平整场地	10 m^2	5.796	4.2×(4.5×3+0.3)＝57.96 (m^2)
2	人工挖地坑二类干土	m^3	20.480	(0.8+0.2+0.3×2)×(0.8+0.2+0.3×2)×1×8＝20.48 (m^3)
3	地坑打夯	10 m^2	2.560	(0.8+0.2+0.3×2)×2×8＝25.6 (m^2)
4	基础垫层，混凝土	10 m^3	0.080	(0.8+0.2)×(0.8+0.2)×0.1×8＝0.8 (m^3)
5	基础垫层，模板	100 m^2	0.032	1×4×0.1×8＝3.2 (m^2)
6	现浇钢筋混凝土，独立基础	m^3	1.323	0.8×0.8×0.2×8+1÷3×0.1×(0.8×0.8+0.4×0.4+0.32)×8＝1.323 (m^3)
7	独立基础钢筋直径 10 mm	t	0.046	0.046 (t)
8	独立基础模板	100 m^2	0.049	0.8×4×0.2+4×1/2×(0.4+0.8)×0.1×2.236 07×8＝4.933 (m^2)
9	地坑回填土，夯实	m^3	18.303	20.48－0.8－1.323－(0.3×0.3×0.6)＝18.303 (m^3)
10	矩形柱，现浇混凝土	m^3	2.526	0.3×0.3×(0.6+2.7)×8+0.3×0.25×0.25×8＝2.526 (m^3)
11	矩形柱钢筋直径 6 mm	t	0.047	0.047 (t)
	矩形柱钢筋直径 12 mm	t	0.156	0.156 (t)
12	矩形柱模板	100 m^2	0.341	0.3×4×3.3×8+0.25×4×0.3×8＝34.08 m^2
13	直径 12 mm 钢筋铁件	t	0.013	4×(0.4+6.25×0.012)×0.888×8÷1 000＝0.013 (t)
14	钢板制作、安装	t	0.007	0.007 t
15	DN50 钢管	t	0.150	0.150 t
16	DN30 钢管	t	0.499	0.499 t
17	200×50 钢管	t	0.462	0.462 t

2. 编制工程量清单计价表

依次编制分部分项工程量清单综合单价分析表，单价措施项目工程量清单综合单价分析表，材料、机械、设备增值税计算表，单位工程费汇总表，见表 3-4-4 至表 3-4-7。

表 3-4-4 分部分项工程量清单综合单价分析表

序号	项目编码（定额编号）	项目名称	单位	数量	综合单价（元）	合价（元）	综合单价组成（元）			
							人工费	材料费	机械费	管理费和利润
1	010101001001	平整场地	m^2	57.96	1.94	112.44	1.83			0.12
	A1-39	人工平整场地	100 m^2	0.58	193.84	112.43	182.40			11.44
2	010101004001	挖基坑土方	m^3	20.48	23.07	472.47	21.69		0.02	1.36
	A1-23	人工挖地坑一、二类土	100 m^3	0.21	2 292.18	469.90	2 157.00			135.18
	A1-38	人工原土打夯	100 m^2	0.03	106.30	2.66	82.20		17.54	6.56
3	010501003001	独立基础	m^3	1.32	767.50	1 015.40	327.39	344.03	53.33	42.73
	A4-4	现浇毛石混凝土独立基础	10 m^3	0.13	2 819.65	372.19	579.42	1 899.32	168.55	172.36
	A4-330	现浇构件(钢筋直径 10 mm 以内)	t	0.05	5 717.61	263.01	986.49	4 444.39	55.72	231.01
	A1-41	人工回填土，夯填	100 m^3	0.18	2 077.61	380.20	1 701.00		250.01	126.60
4	010502001001	矩形柱	m^3	2.53	864.87	2 184.66	212.39	578.73	21.46	52.30
	A4-16	现浇钢筋混凝土矩形柱	10 m^3	0.25	4 095.10	1 036.06	1 569.54	2 037.20	113.98	374.38
	A4-330	现浇构件(钢筋直径 10 mm 以内)	t	0.05	5 717.61	268.73	986.49	4 444.39	55.72	231.01
	A4-331	现浇构件(钢筋直径 20 mm 以内)	t	0.16	5 640.27	879.88	596.44	4 728.00	145.87	169.96
5	010516002001	预埋铁件	t	0.02	13 416.50	268.33	4 286.50	5 573.00	2 062.00	1 495.50
	A4-336	铁件制作、安装	t	0.02	13 416.43	268.33	4 286.38	5 572.84	2 062.08	1 495.13
6	010604001001	钢梁	t	1.11	7 726.49	8 584.13	1 573.24	5 191.85	485.82	475.58
	[56]3-53	钢制花架，钢梁	t	1.11	7 726.49	8 584.13	1 573.24	5 191.85	485.82	475.58

表 3-4-5 单价措施项目工程量清单综合单价分析表

序号	项目编码（定额编号）	项目名称	单位	数量	综合单价（元）	合价（元）	综合单价组成（元）			
							人工费	材料费	机械费	管理费和利润
	A12-77	现浇混凝土基础垫层木模板	100 m^2	0.032	4 498.48	143.95	803.64	3 446.07	57.35	191.42
	A12-5	现浇毛石混凝土独立基础组合式钢模板	100 m^2	0.049	4 762.92	233.38	1 649.46	2 533.98	171.95	407.53
	A12-17	现浇矩形柱组合式钢模板	100 m^2	0.341	5 551.50	1 893.06	2 665.48	2 012.11	228.65	645.26

表 3-4-6 材料、机械、设备增值税计算表

编码	名称及型号规格	单位	数量	除税系数（%）	含税价格（元）	含税价格合计（元）	除税价格（元）	除税价格合计（元）	进项税额合计（元）	销项税额合计（元）
材料										
AA1C0001	钢筋 Φ10 以内	t	0.10	14.25	4 290.00	415.7	3 678.64	356.46	59.24	39.21
AA1C0002	钢筋 Φ20 以内	t	0.16	14.25	4 500.00	729.9	3 858.75	625.89	104.01	68.85
AB1C0001	钢板	t	0.01	14.25	4 475.00	52.81	3 838.14	45.29	7.52	4.98
AC4C0078	锻铁	t	0.00	14.25	5 630.00	18.02	4 828.13	15.45	2.57	1.70
AC9C0001	型钢	t	1.18	14.25	4 450.00	5 255.01	3 815.88	4 506.17	748.84	495.68
BA2C1016	木模板	m^3	0.07	14.25	2 300.00	166.98	1 972.31	143.19	23.79	15.75
BA2C1018	木脚手板	m^3	0.02	14.25	2 200.00	39.82	1 886.74	34.15	5.67	3.76
BA2C1023	支撑方木	m^3	0.09	14.25	2 300.00	210.91	1 972.30	180.86	30.05	19.89
BB1-0101	水泥 32.5	t	1.22	14.25	360.00	439.16	308.70	376.58	62.58	41.42
BC3-0030	碎石	t	4.94	2.86	42.00	207.61	40.80	201.67	5.94	22.18
BC4-0013	中砂	t	2.54	2.86	30.00	76.09	29.14	73.91	2.18	8.13
BF1-0004	毛石 100～500 mm	m^3	0.36	2.86	60.00	21.54	58.27	20.92	0.62	2.30

续表 3-4-6

编码	名称及型号规格	单位	数量	除税系数(%)	含税价格(元)	含税价格合计(元)	除税价格(元)	除税价格合计(元)	进项税额合计(元)	销项税额合计(元)
BK1-0005	塑料薄膜	m^2	2.69	14.25	0.80	2.15	0.69	1.84	0.31	0.20
CA1C0007	电焊条　结 422	kg	3.42	14.25	4.14	14.15	3.55	12.13	2.02	1.33
CSCLF	措施费中的材料费	元	127.23	6.00	1.00	127.23	0.94	119.60	7.63	13.16
CZB11-002	直角扣件 ≥1.1 kg/套	百套·天	27.25	14.25	1.00	27.25	0.86	23.37	3.88	2.57
CZB11-003	对接扣件 ≥1.25 kg/套	百套·天	5.26	14.25	1.00	5.26	0.86	4.51	0.75	0.50
CZB11-004	旋转扣件 ≥1.25 kg/套	百套·天	0.35	14.25	1.00	0.35	0.86	0.30	0.05	0.03
CZB12-002	组合钢模板	t·天	22.61	14.25	11.00	248.74	9.43	213.29	35.45	23.46
CZB12-004	零星卡具	t·天	7.47	14.25	11.00	82.19	9.43	70.48	11.71	7.75
CZB12-111	支撑钢管 Φ48.3×3.6	百米·天	57.64	14.25	1.60	92.22	1.37	79.08	13.14	8.70
DA1-0050	稀释剂	kg	2.89	14.25	8.10	23.4	6.95	20.07	3.33	2.21
DE1-2000	醇酸防锈漆	kg	10.22	14.25	13.50	137.99	11.58	118.33	19.66	13.02
EB1-0109	氧气	m^3	6.76	14.25	4.67	31.56	4.00	27.06	4.50	2.98
EB1-0112	乙炔气	m^3	3.04	14.25	42.00	127.67	36.02	109.48	18.19	12.04
EF1-0009	隔离剂	kg	4.22	14.25	0.98	4.14	0.84	3.55	0.59	0.39
IA1-0055	螺栓	个	0.22	14.25	0.40	0.09	0.36	0.08	0.01	0.01
IA2C0071	铁钉	kg	1.83	14.25	5.50	10.05	4.72	8.62	1.43	0.95
IF2-0101	镀锌铁丝 8#	kg	2.38	14.25	5.00	11.89	4.29	10.20	1.69	1.12
IF2-0108	镀锌铁丝 22#	kg	1.45	14.25	6.70	9.74	5.75	8.35	1.39	0.92
LY1-0173	电焊条(综合)	kg	22.22	14.25	4.65	103.32	3.99	88.60	14.72	9.75
OA0C0023	钢管	t	0.00	14.25	4 470.00	4.92	3 836.36	4.22	0.70	0.46

续表 3-4-6

编码	名称及型号规格	单位	数 量	除税系数(%)	含税价格(元)	含税价格合计(元)	除税价格(元)	除税价格合计(元)	进项税额合计(元)	销项税额合计(元)
ZA1-0002	水	m^3	3.99	2.86	5.00	19.93	4.86	19.36	0.57	2.13
ZC1-0003	焦炭	kg	0.24	14.25	0.30	0.07	0.25	0.06	0.01	0.01
ZG1-0001	其他材料费	元	126.23		1.00	126.23	1.00	126.23		13.89
	小计					8 844.09		7 649.35	1 194.74	841.43
机械										
00006016-1	灰浆搅拌机 200 L	台班	0.01	2.117 0	103.45	1.04	100.99	1.02	0.02	0.11
90000001	其他机械费	元	1.17		1.00	1.17	1.00	1.17		0.13
90000002	机械费	元	539.75	10.870 0	1.00	539.75	0.89	481.08	58.67	52.92
CSJXF	措施费中的机械费	元	94.02	4.000 0	1.00	94.02	0.96	90.26	3.76	9.93
JX001	折旧费(机械台班)	元	30.32	14.530 0	1.00	30.32	0.854 7	25.91	4.41	2.85
JX002	大修理费(机械台班)	元	5.92	14.530 0	1.00	5.92	0.854 7	5.06	0.86	0.56
JX003	经常修理费(机械台班)	元	19.34	10.170 0	1.00	19.34	0.898 3	17.37	1.97	1.91
JX004	安拆费及场外运费(机械台班)	元	13.35		1.00	13.35	1.00	13.35		1.47
JX005	人工(机械台班)	工日	0.81		60.00	48.38	60.00	48.38		5.32
JX007	柴油(机械台班)	kg	5.66	14.250 0	9.80	55.45	8.40	47.55	7.90	5.23
JX009	电(机械台班)	kW·h	59.05	14.250 0	1.00	59.05	0.86	50.64	8.41	5.57
JX013	人工费(机械台班)	元	16.91		1.00	16.91	1.00	16.91		1.86
JX014	其他费用(机械台班)	元	3.72		1.00	3.72	1.00	3.72		0.41
	小计					888.42		802.42	86	88.27
合计	/	/	/	/	/	9 732.51	/	8 451.77	1 280.74	929.70

表 3-4-7 单位工程费汇总表

序号	名称	计算基数	费率(%)	金额(元)	其中:(元)		
					人工费	材料费	机械费
1	分部分项工程量清单计价合计	/	/	12 637.43	3 353.52	7 796.63	706.17
2	措施项目清单计价合计	/	/	2 270.39	1 015.47	920.57	88.24
2.1	单价措施项目工程量清单计价合计	/	/	2 270.39	1 015.47	920.57	88.24
2.2	其他总价措施项目清单计价合计	/	/				
3	其他项目清单计价合计	/	/		/	/	/
4	规费	/	/	827.26	/	/	/
5	安全生产、文明施工费	/	/	732.25	/	/	/
6	税前工程造价	/	/	16 467.33			
6.1	其中:进项税额	/	/	1 308.08	/	/	/
7	销项税额	/	11.000	1 667.52	/	/	/
8	增值税应纳税额	/	/	359.44	/	/	/
9	附加税费	/	13.500	48.52	/	/	/
10	税金	/	/	407.96	/	/	/
/	合计	/	/	16 875.29	4 368.99	8 717.20	794.41

第五节 标志墙工程量清单计价实例

一、工程量清单项目设置及工程量计算规则

景墙工程量清单计算规则见表 3-5-1。

表 3-5-1 景墙工程量清单计算规则

项目编码	项目名称	项目特征	计量单位	工程量计算规则	工作内容
050307010001	景墙	1. 土质类别 2. 垫层材料种类 3. 基础材料种类、规格 4. 墙体材料种类、规格 5. 墙体厚度 6. 混凝土、砂浆强度等级、配合比 7. 饰面材料种类	1. m^3 2. 段	1. 以立方米计量，按设计图示尺寸以体积计算 2. 以段计量，按设计图示尺寸以数量计算	1. 土(石)方挖运 2. 垫层、基础铺设 3. 墙体砌筑 4. 面层铺贴

二、标志墙工程量清单计价实例

根据图 3-5-1 标志墙示意图一、图 3-5-2 标志墙示意图二及表 3-5-2 分部分项工程量清单，编制工程量清单计价表，完成工程造价。

1. 计算分项工程工程量

依据现行定额项目划分，划分工程项目，依据计量单位，写出计算过程。

(1)平整场地：工程量按围墙的计算规则，中心线每边各加宽 1 m，以平方米计算，

10×2＝20 (m^2)

(2)挖沟槽：按照土壤类别区分干土和湿土，以立方米计算，本工程按二类干土计算，

(0.1＋0.06＋0.06＋0.37＋0.1＋2×0.2)×1.2×10＝13.08 (m^3)

(3)沟槽打夯：以平方米计算，

(0.1＋0.06＋0.06＋0.37＋0.1＋2×0.2)×10＝10.9 (m^2)

(4)C15 混凝土垫层，混凝土体积：以立方米计算，

(0.1＋0.06＋0.06＋0.37＋0.1)×0.10×10＝0.69 (m^3)

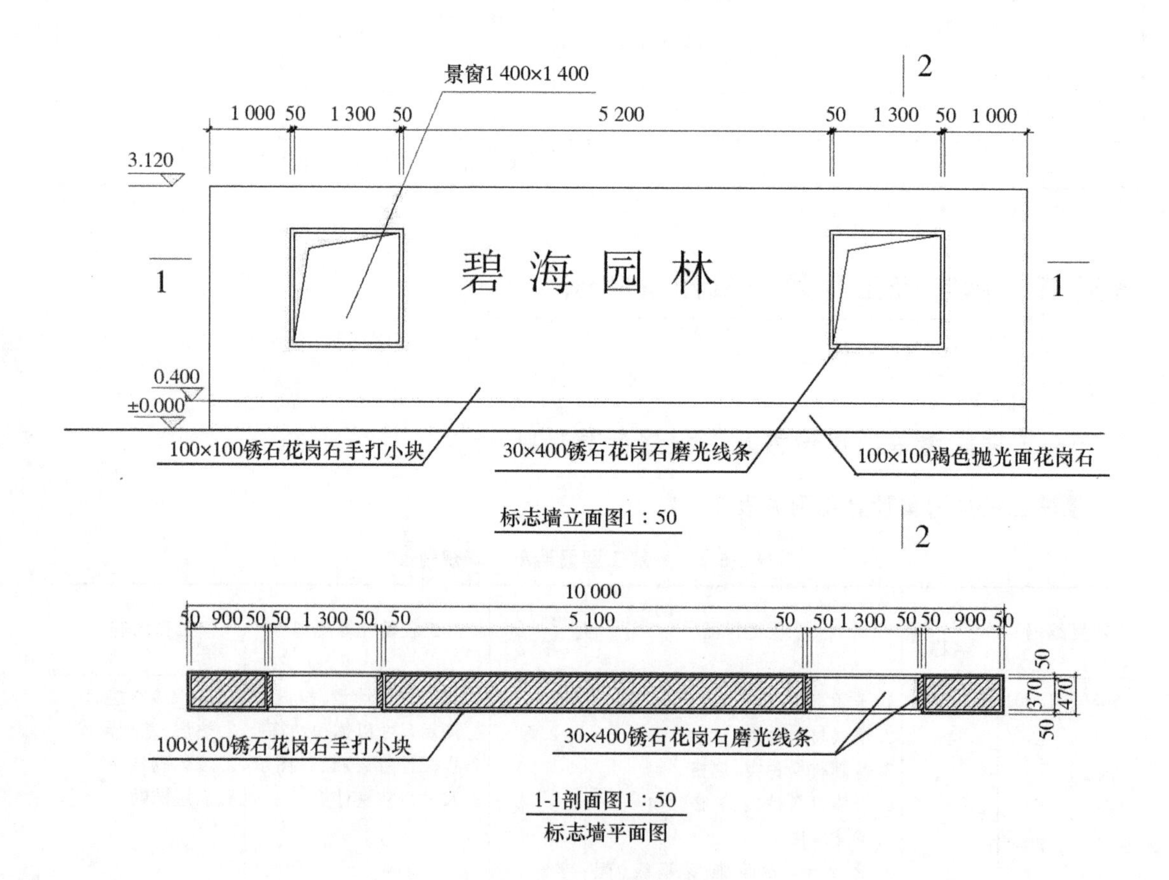

图 3-5-1 标志墙示意图一

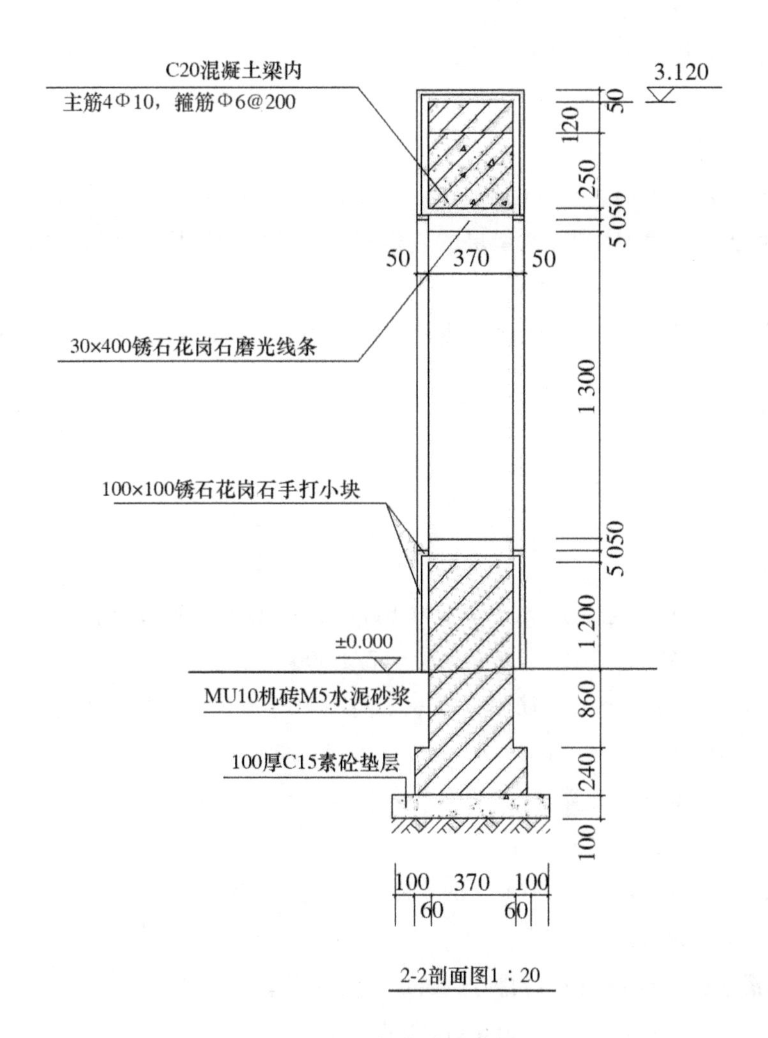

图 3-5-2 标志墙示意图二

表 3-5-2 分部分项工程量清单表

序号	项目编码	项目名称	项目特征	计量单位	工程数量
1	010101001001	平整场地	30 cm 以内的原土挖、填、找平	m^2	3.7
2	010101003001	挖沟槽土方	二类土，挖深 1.5 m 以内，回填夯实	m^3	8.28
3	010401001001	砖基础	C15 混凝土垫层，MU10 砖，M7.5 水泥砂浆	m^3	4.173
4	010401003001	实心砖墙	MU10 砖，M5.0 混合砂浆	m^3	8.32
5	010507005001	压顶	C20 混凝土	m^3	1.369
6	050307011001	景窗	白色水磨石景窗，断面面积(40 cm×3 cm)	m^2	4.2
7	011207001001	墙面装饰板	铝塑板	m^2	6.8
8	011201001001	墙面一般抹灰	标准砖墙，水泥混合砂浆底面	m^2	47.56
9	011204001001	石材墙面	花岗石	m^2	47.56
10	011508004001	金属字	石材基层，金属字，字高 50 cm，防锈漆二遍	个	4

(5)C15 混凝土垫层模板,以平方米计算,

(0.1+0.06+0.06+0.37+0.1+10)×2×0.10=2.138 (m^2)

(6)砖基础:以立方米计算,

(0.06×2+0.37)×0.24×10+0.37×0.86×10=4.358 (m^3)

(7)沟槽回填土:挖土的体积减去垫层的体积和基础的体积,以立方米计算,

13.08−0.69−4.358=8.032 (m^3)

(8)砖砌外墙 3/2 砖:减掉每个景窗所占的面积 1.4 m×1.4 m,减掉压顶的高度 0.3 m,以立方米计算,

[(3.12−0.3)×10−1.4×1.4×2]×0.365=8.862 (m^3)

(9)压顶 C20 混凝土:以立方米计算,

0.37×0.3×10=1.11 (m^3)

(10)压顶钢筋

主筋 4 根直径 10 mm:直径 10 mm 钢筋 0.617 kg/m,保护层取 20 mm,以吨计算,

(10−0.02×2+6.25×0.012×2)×4×0.617/1 000=0.025 (t)

箍筋直径 6 mm:直径 6 mm 钢筋用直径 6.5 代替,0.260 kg/m,以吨计算,

2×(0.37+0.3)×[(10−0.2×2)/0.2+1]×0.260/1 000=0.017 (t)

(11)压顶模板:以平方米计算,

2×(10+0.37)×0.3=6.222 (m^2)

(12)白色水磨石景窗,断面面积(40 cm×3 cm):以米计算,

(1.4+1.4)×2×2=11.2 (m)

(13)400 高褐色抛光面花岗岩,勒脚抹灰:以平方米计算,

10×0.4×2+0.4×0.37×2=8.296 (m^2)

(14)400 高褐色抛光面花岗岩,勒脚贴面:同勒脚抹灰。

(15)100×100 锈石花岗石,墙面抹灰:以平方米计算,

[(3.12−0.4)×10−2×1.4×1.4]×2+(3.12−0.4)×0.37×2=48.573 (m^2)

(16)100×100 锈石花岗石,墙面贴面:同墙面抹灰。

(17)砌筑脚手架:以平方米计算,

10×2.7=27 (m^2)

(18)装饰脚手架:以平方米计算,

10×2.7×2=54 (m^2)

(19)刻字:按单位工程独立费,以个计算,共 4 个。

根据以上工程量计算过程分析,通过列表方式计算工程量。先填写分部分项工程名称、列出计算式、调整计量单位,得出工程数量,最后校核。工程量计算表见表 3-5-3。

表 3-5-3 标志墙工程量计算表

序号	分项工程名称	单位	工程量	工程量表达式
1	平整场地	100 m^2	0.20	10×2=20（m^2）
2	人工挖沟槽二类干土	m^3	13.08	(0.1+0.06+0.06+0.37+0.1+2×0.2)×1.2×10=13.08（m^3）
3	沟槽打夯	10 m^2	1.09	(0.1+0.06+0.06+0.37+0.1+2×0.2)×10=10.9（m^2）
4	C15 混凝土垫层	10 m^3	0.069	(0.1+0.06+0.06+0.37+0.1)×0.10×10=0.69（m^3）
5	C15 混凝土垫层模板	100 m^2	0.021	(0.1+0.06+0.06+0.37+0.1+10)×2×0.10=2.138（m^2）
6	砖基础	m^3	4.358	(0.06×2+0.37)×0.24×10+0.37×0.86×10=4.358（m^3）
7	沟槽回填土	m^3	8.032	13.08−0.69−4.358=8.032（m^3）
8	砖砌外墙 3/2 砖	m^3	8.862	[(3.12−0.3)×10−1.4×1.4×2]×0.365=8.862（m^3）
9	压顶 C20 混凝土	m^3	1.11	0.37×0.3×10=1.11（m^3）
10	压顶直径 10 mm 钢筋	t	0.025	0.025 t
	压顶直径 6 mm	t	0.017	0.017 t
11	压顶模板	100 m^2	0.062 2	2×(10+0.37)×0.3=6.222（m^2）
12	白色水磨石景窗	10 m	1.12	(1.4+1.4)×2×2=11.2（m）
13	400 高勒脚抹灰	100 m^2	0.083	10×0.4×2+0.4×0.37×2=8.296（m^2）
14	400 高勒脚贴面	100 m^2	0.083	勒脚抹灰面积，8.296（m^2）
15	墙面抹灰	100 m^2	0.486	[(3.12−0.4)×10−2×1.4×1.4]×2+(3.12−0.4)×0.37×2=48.573（m^2）
16	墙面花岗石	100 m^2	0.486	同墙面抹灰面积，48.573 m^2
17	砌筑脚手架	10 m^2	2.7	10×2.7=27（m^2）
18	装饰脚手架	10 m^2	5.4	10×2.7×2=54（m^2）
19	刻字	个	4	4

2. 编制工程量清单计价表

依次编制分部分项工程量清单综合单价分析表，单价措施项目工程量清单综合单价分析表，材料、机械、设备增值税计算表，单位工程费汇总表，见表 3-5-4 至表 3-5-7。

表 3-5-4　分部分项工程量清单综合单价分析表

序号	项目编码（定额编号）	项目名称	单位	数量	综合单价（元）	合价(元)	综合单价组成(元)			
							人工费	材料费	机械费	管理费和利润
1	010101001001	平整场地	m^2	20.00	1.94	38.80	1.82			0.12
	A1-39	人工平整场地	100 m^2	0.20	193.84	38.77	182.40			11.44
2	010101003001	挖沟槽土方	m^3	13.08	21.67	283.44	20.24		0.15	1.28
	A1-11	人工挖沟槽一、二类土	100 m^3	0.13	2 074.76	271.79	1 952.40			122.36
	A1-38	人工原土打夯	100 m^2	0.11	106.30	11.59	82.20		17.54	6.56
3	010401001001	砖基础	m^3	4.36	414.81	1 807.74	121.60	259.88	9.81	23.52
	[56]2-5	基础垫层,混凝土　C15	10 m^3	0.07	3 421.27	236.07	1 153.66	1 919.66	75.11	272.84
	A3-1	砖基础[水泥砂浆 M5(中砂)]	10 m^3	0.44	3 223.57	1 405.48	720.76	2 293.77	40.35	168.69
	A1-41	人工回填土,夯填	100 m^3	0.08	2 077.61	166.21	1 701.00		250.01	126.60
4	010401003001	实心砖墙	m^3	8.86	361.47	3 203.35	95.59	239.70	4.14	22.04
	A3-4	砖砌内外墙(墙厚一砖以上)	10 m^3	0.89	3 615.53	3 203.36	956.08	2 397.59	41.38	220.48
5	010507005001	压顶	m^3	1.11	705.13	782.69	217.76	403.79	28.28	55.29
	[55]1-186	压顶,[现浇混凝土 C20-20]	m^3	1.11	486.37	539.87	178.56	235.63	26.06	46.12
	[55]1-361	压顶,钢筋直径 10 mm 以内	t	0.04	5 781.32	242.82	1 035.85	4 444.39	58.51	242.57
6	050307011001	景窗	m^2	3.92	1 628.87	6 385.17	1 307.95	26.63		294.29
	[56]3-170	白色水磨石景窗	10 m	1.12	5 701.04	6 385.16	4 577.83	93.19		1 030.02
7	011201001001	墙面一般抹灰	m^2	56.87	23.45	1 333.58	14.87	4.30	0.34	3.95
	[52]B2-2	标准砖墙面石灰砂浆抹灰	100 m^2	0.57	2 344.09	1 333.79	1 485.96	429.53	34.14	394.46
8	011204001001	石材墙面	m^2	56.87	183.26	10 421.81	46.46	122.13	2.03	12.64
	[52]B2-122	抛光面花岗石	100 m^2	0.08	18 316.00	1 520.23	4 643.52	12 206.74	203.18	1 262.56
	[52]B2-122	锈石花岗石	100 m^2	0.49	18 316.00	8 901.58	4 643.52	12 206.74	203.18	1 262.56
9	011508004001	金属字	个	4.00	256.85	1 027.40	48.72	193.29	1.72	13.12
	[52]B6-168	金属美术字 1.0 m^2 以内	个	4.00	256.85	1 027.40	48.72	193.29	1.72	13.12

表 3-5-5 单价措施项目工程量清单综合单价分析表

序号	项目编码（定额编号）	项目名称	单位	数量	综合单价（元）	合价（元）	综合单价组成(元)			
							人工费	材料费	机械费	管理费和利润
	A12-77	现浇混凝土基础垫层木模板	100 m^2	0.021	4 498.48	94.47	803.64	3 446.07	57.35	191.42
	A12-103	现浇压顶木模板	100 m^2	0.062	4 673.65	289.77	2 664.00	1 353.85	57.16	598.64
	A11-1	单排外墙脚手架	100 m^2	0.270	902.18	243.59	227.92	539.71	66.65	67.90
	[52]B7-21	简易脚手架,墙面	100 m^2	0.540	43.51	23.50	19.20	12.13	4.76	7.42

表 3-5-6 材料、机械、设备增值税计算表

编码	名称及型号规格	单位	数量	除税系数(%)	含税价格（元）	含税价格合计(元)	除税价格（元）	除税价格合计(元)	进项税额合计(元)	销项税额合计(元)
材料										
AA1C0001	钢筋 Φ10 以内	t	0.04	14.25	4 290.00	183.61	3 678.74	157.45	26.16	17.32
BA2C1016	木模板	m^3	0.06	14.25	2 300.00	146.28	1 972.33	125.44	20.84	13.80
BA2C1018	木脚手板	m^3	0.02	14.25	2 200.00	38.72	1 886.36	33.20	5.52	3.65
BA2C1027	木材	m^3	0.00	14.25	1 800.00	4.32	1 541.67	3.70	0.62	0.41
BB1-0101	水泥 32.5	t	2.07	14.25	360.00	746.14	308.70	639.82	106.32	70.38
BB3-0001	白水泥	t	0.04	14.25	660.00	29.17	565.84	25.01	4.16	2.75
BB3-2001	白水泥	kg	22.26	14.25	0.66	14.69	0.57	12.60	2.09	1.39
BC1-0002	生石灰	t	0.59	14.25	290.00	169.74	248.68	145.55	24.19	16.01
BC3-0001	白石子	t	0.05	2.86	165.00	7.9	160.13	7.67	0.23	0.84
BC3-0030	碎石	t	2.30	2.86	42.00	96.49	40.80	93.73	2.76	10.31
BC4-0013	中砂	t	10.60	2.86	30.00	317.93	29.14	308.84	9.09	33.97
BD1-0001	标准砖 240×115×53	千块	7.02	14.25	380.00	2 667.07	325.85	2 287.01	380.06	251.57
BK1-0005	塑料薄膜	m^2	16.21	14.25	0.80	12.96	0.69	11.11	1.85	1.22
CSCLF	措施费中的材料费	元	287.49	6.00	1.00	287.49	0.94	270.24	17.25	29.73

续表 3-5-6

编码	名称及型号规格	单位	数量	除税系数(%)	含税价格（元）	含税价格合计(元)	除税价格（元）	除税价格合计(元)	进项税额合计(元)	销项税额合计(元)
CZB11-001	钢管 Φ48.3×3.6	百米·天	31.34	14.25	1.60	50.15	1.37	43.00	7.15	4.73
CZB11-002	直角扣件 ≥1.1 kg/套	百套·天	35.08	14.25	1.00	35.08	0.86	30.08	5.00	3.31
CZB11-003	对接扣件 ≥1.25 kg/套	百套·天	3.08	14.25	1.00	3.08	0.86	2.64	0.44	0.29
CZB11-004	旋转扣件 ≥1.25 kg/套	百套·天	0.75	14.25	1.00	0.75	0.85	0.64	0.11	0.07
CZB12-007	底座	百套·天	1.90	14.25	1.50	2.85	1.29	2.44	0.41	0.27
DA1-0027	清油 Y00-1	kg	0.30	14.25	17.00	5.13	14.59	4.40	0.73	0.48
DR1-0032	松节油	kg	0.34	14.25	7.40	2.53	6.36	2.17	0.36	0.24
EA1-0039	煤油	kg	2.28	14.25	11.90	27.08	10.20	23.22	3.86	2.55
EB1-0010	草酸	kg	2.25	14.25	6.00	13.49	5.14	11.57	1.92	1.27
EB1-0114	硬白蜡	kg	0.56	14.25	6.50	3.64	5.57	3.12	0.52	0.34
EF1-0009	隔离剂	kg	0.21	14.25	0.98	0.21	0.86	0.18	0.03	0.02
IA1-0210	膨胀螺栓 M8×80	套	32.32	14.25	0.80	25.86	0.69	22.18	3.68	2.44
IA2-0109	木螺钉	百个	1.10	14.25	2.10	2.32	1.80	1.99	0.33	0.22
IA2C0071	铁钉	kg	1.14	14.25	5.50	6.27	4.72	5.38	0.89	0.59
ID1-0004	合金钢钻头	个	0.16	14.25	7.00	1.12	6.00	0.96	0.16	0.11
IE1-0202	铁件	kg	2.12	14.25	7.00	14.84	6.00	12.73	2.11	1.40
IF2-0101	镀锌铁丝 8#	kg	3.02	14.25	5.00	15.09	4.29	12.94	2.15	1.42
IF2-0108	镀锌铁丝 22#	kg	0.43	14.25	6.70	2.91	5.76	2.50	0.41	0.28
KG1B0003	金属字 1.0 m^2 以内	个	4.04	14.25	180.00	727.2	154.35	623.57	103.63	68.59
LD1-0019	松黄油	kg	1.68	14.25	7.20	12.1	6.18	10.38	1.72	1.14
ZA1-0002	水	m^3	10.18	2.86	5.00	50.91	4.86	49.45	1.46	5.44
ZC1-0008	纸筋	kg	4.82	14.25	10.00	48.22	8.58	41.35	6.87	4.55
ZD1-0009	棉纱头	kg	0.57	14.25	5.83	3.32	5.01	2.85	0.47	0.31
ZD1-0023	金刚石　三角	块	0.72	14.25	3.90	2.8	3.35	2.40	0.40	0.26

续表 3-5-6

编码	名称及型号规格	单位	数量	除税系数(%)	含税价格(元)	含税价格合计(元)	除税价格(元)	除税价格合计(元)	进项税额合计(元)	销项税额合计(元)
ZE1-0018	石料切割锯片	片	1.53	14.25	18.89	28.91	16.20	24.79	4.12	2.73
ZE1-0025	锡纸	kg	0.03	14.25	11.00	0.37	9.52	0.32	0.05	0.04
ZG1-0001	其他材料费	元	12.05		1.00	12.05	1.00	12.05		1.33
ZL1-3001	白回丝	kg	0.22	14.25	8.20	1.84	7.05	1.58	0.26	0.17
ZS1-0196	建筑胶	kg	19.12	14.25	7.50	143.39	6.43	122.96	20.43	13.53
ZS2-0017	花岗岩板(综合)	m^2	58.04	14.25	110.00	6 384.18	94.32	5 474.43	909.75	602.19
ZS2-0023	硬白蜡	kg	1.51	14.25	12.07	18.2	10.35	15.61	2.59	1.72
	小计					12 368.40		10 685.25	1 683.15	1 175.38
机械										
00006016-1	灰浆搅拌机 200 L	台班	0.87	2.117 0	103.45	90.16	101.26	88.25	1.91	9.71
90000002	机械费	元	36.57	10.870 0	1.00	36.57	0.89	32.60	3.97	3.59
CSJXF	措施费中的机械费	元	136.01	4.000 0	1.00	136.01	0.96	130.57	5.44	14.36
JX001	折旧费(机械台班)	元	26.76	14.530 0	1.00	26.76	0.854 7	22.87	3.89	2.52
JX002	大修理费(机械台班)	元	3.71	14.530 0	1.00	3.71	0.854 7	3.17	0.54	0.35
JX003	经常修理费(机械台班)	元	12.48	10.170 0	1.00	12.48	0.898 3	11.21	1.27	1.23
JX004	安拆费及场外运费(机械台班)	元	3.35		1.00	3.35	1.00	3.35		0.37
JX005	人工(机械台班)	工日	0.05		60.00	3.04	60.08	3.04		0.33
JX007	柴油(机械台班)	kg	1.63	14.250 0	9.80	15.96	8.40	13.69	2.27	1.51
JX009	电(机械台班)	kW·h	87.00	14.250 0	1.00	87	0.86	74.60	12.40	8.21
JX013	人工费(机械台班)	元	0.14		1.00	0.14	1.01	0.14		0.02
JX014	其他费用(机械台班)	元	0.81		1.00	0.81	1.01	0.81		0.09
	小计					415.99		384.30	31.69	42.29
合计	/	/	/	/	/	12 784.39	/	11 069.55	1 714.84	1 217.67

表 3-5-7 单位工程费汇总表

序号	名称	计算基数	费率(%)	金额(元)	其中:(元)		
					人工费	材料费	机械费
1	分部分项工程量清单计价合计	/	/	25 283.98	10 729.71	11 772.49	254.45
2	措施项目清单计价合计	/	/	651.33	253.96	308.58	25.31
2.1	单价措施项目工程量清单计价合计	/	/	651.33	253.96	308.58	25.31
2.2	其他总价措施项目清单计价合计	/	/				
3	其他项目清单计价合计	/	/		/	/	/
4	规费	/	/	1 844.80	/	/	/
5	安全生产、文明施工费	/	/	1 189.87	/	/	/
6	税前工程造价	/	/	28 969.98			
6.1	其中:进项税额	/	/	1 767.41	/	/	/
7	销项税额	/	11.000	2 992.28	/	/	/
8	增值税应纳税额	/	/	1 224.87	/	/	/
9	附加税费	/	13.500	165.36	/	/	/
10	税金	/	/	1390.23	/	/	/
/	合计	/	/	30 360.21	10 983.67	12 081.07	279.76

第六节 小拱桥工程量清单计价实例

一、工程量清单项目设置及工程量计算规则

小拱桥工程量清单计算规则见表 3-6-1。

表 3-6-1 小拱桥工程量清单计算规则

项目编码	项目名称	项目特征	计量单位	工程量计算规则	工作内容
05B001	小拱桥	1.二类土方开挖 2.碎石垫层,C15 砼垫层 3.C20 钢筋混凝土底板、侧壁、顶板 4.C20 混凝土小拱桥 5.池面防水及卵石 6.Φ3～5 黄色水洗石 7.深灰色烧毛面花岗岩	座	按图示数量计算	

二、小拱桥工程量清单计价实例

根据图 3-6-1 小拱桥施工图一、图 3-6-2 小拱桥施工图二及表 3-6-2 分部分项工程量清单，编制工程量清单计价表，完成工程造价。

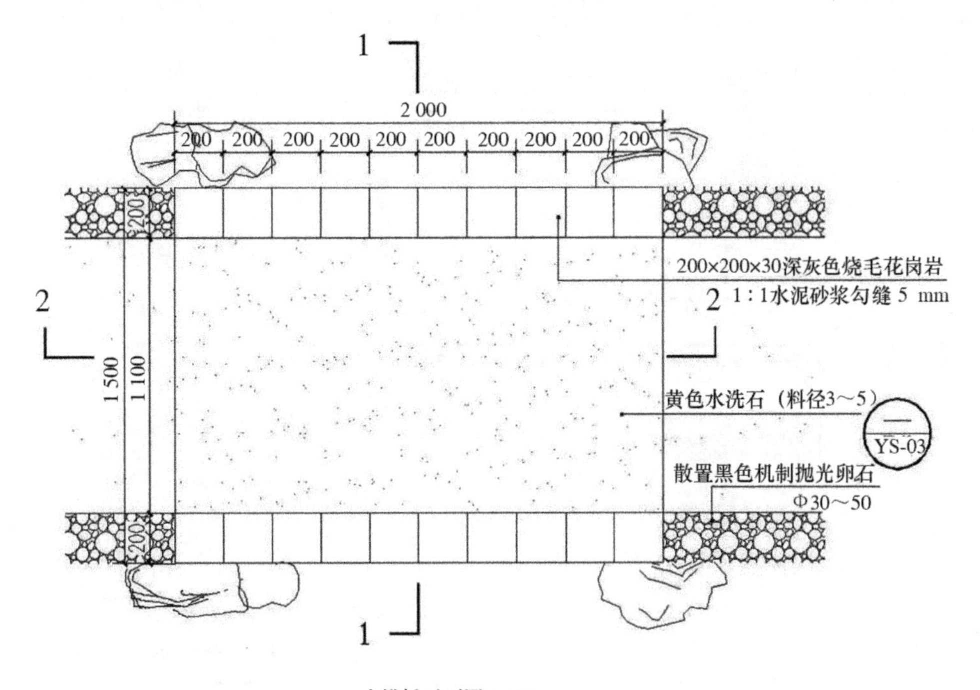

小拱桥平面图1：20

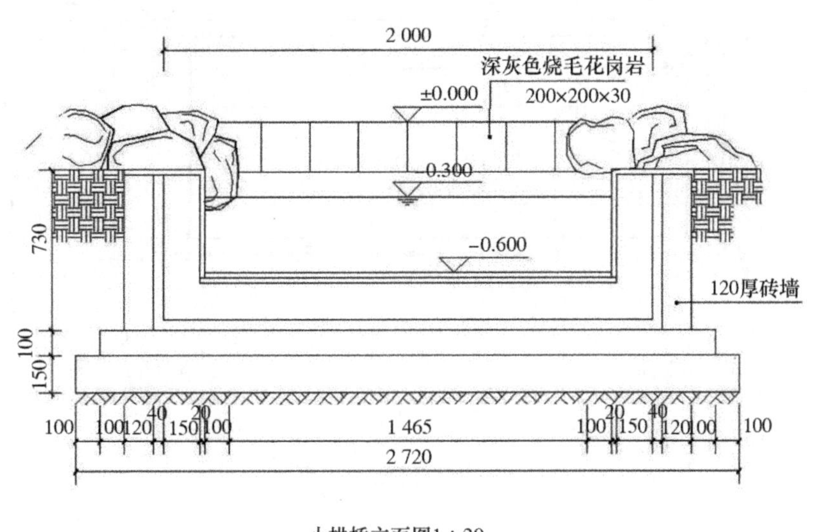

小拱桥立面图1：20

图 3-6-1　小拱桥施工图一

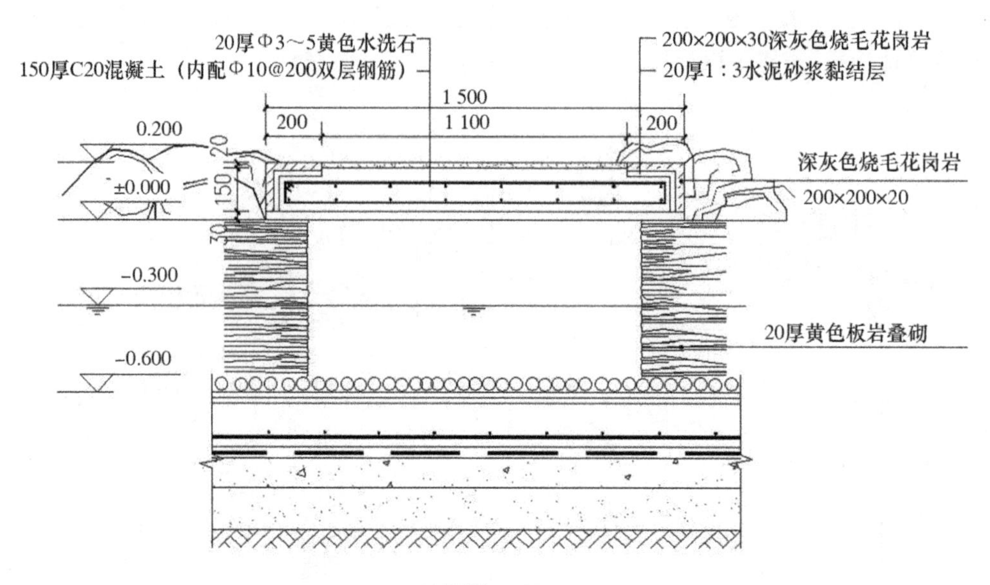

1-1剖面图1：20

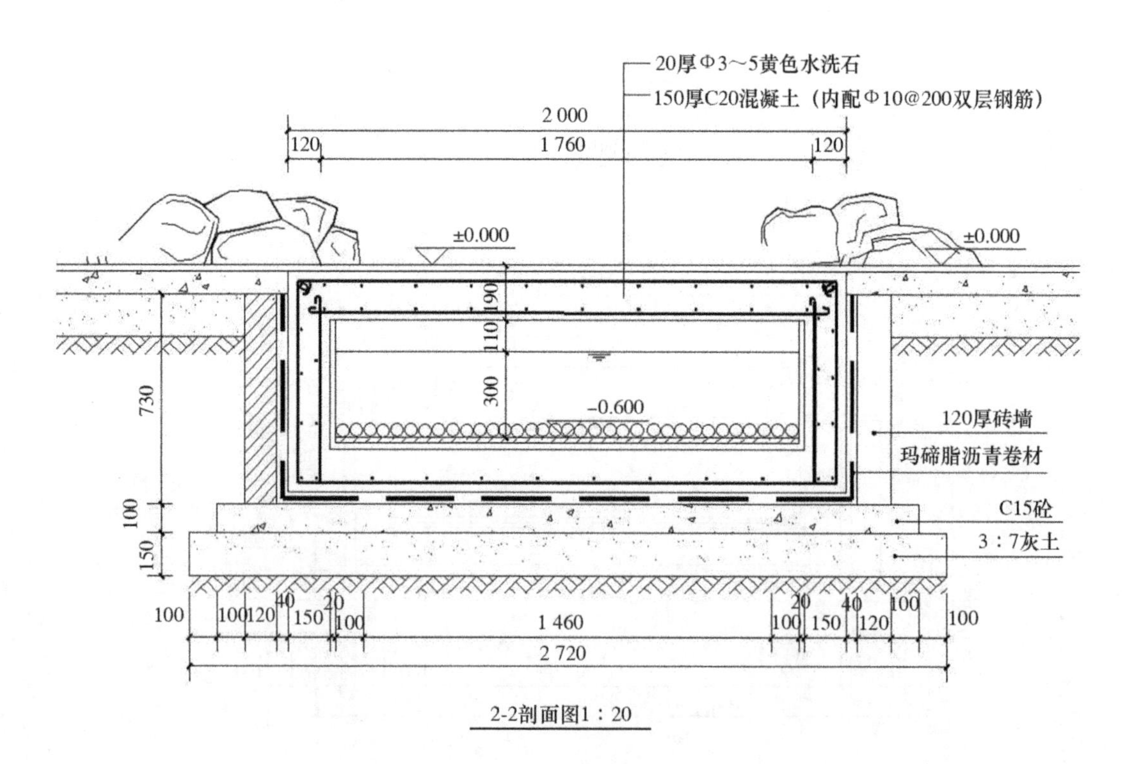

2-2剖面图1：20

图 3-6-2　小拱桥施工图二

表 3-6-2　分部分项工程量清单表

序号	项目编码	项目名称	项目特征	计量单位	工程数量
1	010101002001	挖一般土方	挖一般土方，二类干土	m^3	7.38
2	010501001001	垫层	碎石垫层，C15 混凝土垫层	m^3	1.38
5	010401003001	砖砌外墙	砖砌外墙，120 墙	m^3	0.292
6	010903001001	墙面防水	玛碲脂卷材防水	m^2	5.19
7	050201011001	钢筋混凝土桥	钢筋混凝土桥	m^2	3.00
8	010904001001	池面，防水层	池面，二毡三油防水层	m^2	2.64
9	050201001001	池面，卵石	池面，卵石	m^2	1.00
10	050201001002	水洗石铺装	水洗石铺装	m^2	2.20
11	050201001003	花岗岩路面	花岗岩路面铺装	m^2	1.60

1.计算分项工程工程量

依据现行定额项目划分，划分工程项目，依据计量单位，写出计算过程。

(1)土方开挖，按二类土考虑，工作面取 0.2 m，按单面考虑：

$(2.72+0.2)\times(1.5+0.1+0.1+0.12+0.1+0.1+0.12+0.2)\times(0.19+0.11+0.3+0.04+0.15+0.04+0.1+0.15)=7.38\ (m^3)$

(2)素土夯实：

$2.72\times(1.5+0.1+0.1+0.12+0.1+0.1+0.12)=5.82\ (m^2)$

(3)碎石垫层：

$5.82\times0.15=0.87\ (m^3)$

(4)C20 混凝土垫层：

$(0.1+0.12+0.04+0.15+0.02+0.1+1.465+0.1+0.02+0.15+0.04+0.12+0.1)\times(0.1+0.12+0.04+1.5+0.04+0.12+0.1)\times0.1=0.51\ (m^3)$

(5)120 厚砖墙：

$0.73\times0.115\times(1.5+0.12\times2)\times2=0.292\ (m^3)$

(6)防水层：

$2\times1.5+0.73\times1.5\times2=5.19\ (m^2)$

(7)150 厚 C20 钢筋混凝土(底板、侧壁 150 厚，顶板图纸 170 厚)：

$2\times1.5\times0.15+0.45\times1.5\times0.15\times2+2\times1.5\times0.17=1.16\ (m^3)$

(8)Φ10 钢筋：

①底板

a.横向钢筋

单根长度：$2-0.02\times2+6.25\times0.01\times2=2.085\ (m)$

根数：$(2-0.02\times2)\div0.2+1=11$ (根)

总长：$2.085\times11=22.935\ (m)$

b.纵向钢筋

单根长度：$1.5-0.02\times2+6.25\times0.01\times2=1.585\ (m)$

根数：(1.5－0.02×2)÷0.2＋1＝9（根）

总长：1.585×9＝14.265（m）

c. 总量：(22.935＋14.265)×0.617÷1 000＝0.023（t）

②侧壁

a. 横向钢筋

单根长度：1.5　0.02×2＋6.25×0.01×2－1.585（m）

根数：(0.45÷0.2＋1)×2＝8(根)

总长：1.585×8＝12.68（m）

b. 竖向钢筋

单根长度：0.45＋38×0.01×2＝1.21（m）

根数：(1.5－0.02×2)÷0.2＋1＝9(根)

总长：1.21×9＝10.89（m）

c. 总量：(12.68＋10.89)×0.617÷1 000×2＝0.029（t）

③顶板上部

a. 横向钢筋

单根长度：2－0.02×2＋0.17×2＋6.25×0.01×2＝2.425（m）

根数：(1.5－0.02×2)÷0.2＋1＝9(根)

总长 2.425×9＝21.825（m）

b. 纵向钢筋

单根长度：1.5－0.02×2＋6.25×0.01×2＝1.585（m）

根数：(2－0.02×2)÷0.2＋1＝11(根)

总长：1.585×11＝17.435（m）

④下部

a. 横向钢筋

单根长度：2－0.02×2＋6.25×0.01×2＝2.085（m）

根数：(1.5－0.02×2)÷0.2＋1＝9(根)

总长：2.085×9＝18.765（m）

b. 纵向钢筋

单根长度：1.5－0.02×2＋6.25×0.01×2＝1.585（m）

根数：(2－0.02×2)÷0.2＋1＝11(根)

总长：1.585×11＝17.435(m)

c. 总量：(21.825＋17.435＋18.765＋17.435)×0.617÷1 000＝0.047（t）

⑤汇总：Φ10 钢筋量：0.023＋0.029＋0.047＝0.099（t）

(9)模板面积：

0.45×1.5×2＋1.76×1.5＋0.08×1.5×2＋(0.77×2－0.45×1.76)×2＝5.73（m^2）

(10)池面防水及卵石：1.76×1.5＝2.64（m^2）

(11)20 厚水泥砂浆找平：1.5×2＝3（m^2）

(12)150 厚 C20 混凝土小拱桥：0.201 0×2＝0.40（m^3）

(13)小拱桥钢筋：

①纵筋

单根长度：2－0.02×2＋6.25×0.01×2＝2.085 (m)

根数：[(1.4－0.02×2)÷0.2＋1]×2＝16(根)

总长：2.085×16＝33.36 (m)

②箍筋

单根长度：(1.4－0.02×2＋0.12－0.02×2)×2＋6.25×0.01×2＝3.005 (m)

根数：(2－0.02×2)÷0.2＋1＝11(根)

总长：3.005×11＝33.055 (m)

③钢筋总量：(33.36＋33.055)×0.617÷1 000＝0.041 (t)

(14)混凝土模板：(0.12＋0.15＋0.03)×2×2＋0.201 0×2＝1.60 (m^2)

(15)20 厚 Φ3～5 黄色水洗石：1.1×2＝2.2 (m^2)

(16)200×200×30 厚深灰色烧毛面花岗岩：2×0.2×2＝0.8 (m^2)

(17)200×200×20 厚深灰色烧毛面花岗岩：2×0.2×2＝0.8 (m^2)

根据以上工程量计算过程分析，通过列表方式计算工程量。先填写分部分项工程名称、列出计算式、调整计量单位，得出工程数量，最后校核。工程量计算表见表 3-6-3。

表 3-6-3　拱桥工程量计算表

序号	分项工程名称	单位	工程量	工程量表达式
1	人工挖土方二类土	100 m^3	0.074	7.38 m^3
2	地面原土打夯	10 m^2	0.582	2.72×(1.5＋0.1＋0.1＋0.12＋0.1＋0.1＋0.12)＝5.82 (m^2)
3	基础垫层，碎石	10 m^3	0.087	5.82×0.15＝0.87 (m^3)
4	基础垫层，C15 混凝土	10 m^3	0.051	0.51 m^3
5	120 厚砖墙	10 m^3	0.029	0.73×0.115×(1.5＋0.12×2)×2＝0.292 (m^3)
6	玛碲脂卷材防水	100 m^2	0.052	2×1.5＋0.73×1.5×2＝5.19 (m^2)
7	现浇混凝土桥，C20	10 m^3	0.116	2×1.5×0.15＋0.45×1.5×0.15×2＋2×1.5×0.17＝1.16 (m^3)
8	钢筋制作、安装，直径 10 mm	t	0.140	0.099＋0.041＝0.14 (t)
9	混凝土桥身、桥面	10 m^3	0.040	0.201 0×2＝0.40 (m^3)
10	二毡三油防水层	10 m^2	0.264	1.76×1.5＝2.64 (m^2)
11	池面，卵石	10 m^2	0.264	1.76×1.5＝2.64 (m^2)
12	水泥砂浆 2 cm 厚找平层	10 m^2	0.300	1.5×2＝3 (m^2)
13	水洗石铺装	10 m^2	0.220	1.1×2＝2.2 (m^2)
14	花岗岩路面厚 3 cm	10 m^2	0.160	2×0.2×2×2＝1.6 (m^2)

2. 编制工程量清单计价表

依次编制分部分项工程量清单综合单价分析表，单价措施项目工程量清单综合单价分析表，材料、机械、设备增值税计算表，单位工程费汇总表，见表 3-6-4 至表 3-6-7。

表 3-6-4 分部分项工程量清单综合单价分析表

序号	项目编码（定额编号）	项目名称	单位	数量	综合单价（元）	合价（元）	综合单价组成（元）			
							人工费	材料费	机械费	管理费和利润
1	010101002001	挖一般土方，二类干土	m^3	7.38	14.34	105.83	12.69		0.05	1.60
	[51]A1-1	人工挖土方一、二类土	100 m^3	0.07	1 377.41	101.93	1 224.00			153.41
	[55]1-80	地面原土打夯	10 m^2	0.58	6.76	3.93	5.28		0.66	0.82
2	010501001001	碎石垫层，C15 混凝土垫层	m^3	1.38	225.23	310.82	80.69	129.32	3.51	11.73
	[55]1-92	基础垫层，碎石	10 m^3	0.09	1 651.95	143.72	562.33	1 003.12	7.68	78.82
	[55]1-94	基础垫层，混凝土，C15	10 m^3	0.05	3 276.56	167.10	1 224.03	1 787.95	81.94	182.64
3	010401003001	砖砌内外墙	m^3	0.29	383.39	111.95	120.68	243.12	3.39	16.20
	[51]A3-2	120 厚砖墙	10 m^3	0.03	3 860.22	111.95	1 215.08	2 447.91	34.14	163.09
4	010903001001	玛碲脂卷材防水	m^2	5.19	58.56	303.93	12.21	44.76		1.58
	[51]A7-121	玛碲脂卷材防水二毡三油	100 m^2	0.05	5 844.93	303.94	1 219.00	4 467.79		158.14
5	050201011001	钢筋混凝土桥	m^2	3.00	434.81	1 304.43	97.07	321.99	2.72	13.03
	2-79	现浇混凝土桥，C20	10 m^3	0.12	3 453.18	400.57	1 115.92	2 192.49		144.77
	[51]A4-330	钢筋制作、安装，直径 10 mm	t	0.14	5 623.49	787.29	986.49	4 444.39	55.72	136.89
	2-81	混凝土桥身、桥面	10 m^3	0.04	2 914.47	116.58	591.26	2 235.92	9.13	78.16
6	010904001001	池面，二毡三油防水层	m^2	2.64	49.87	131.66	6.27	42.21	0.44	0.94
	[55]1-568	二毡三油防水层平面防潮层	10 m^2	0.26	498.66	131.65	62.68	422.13	4.45	9.40
7	050201001001	池面，卵石	m^2	1.00	369.80	369.80	245.59	90.75	1.25	32.23
	2-10	池面，卵石	10 m^2	0.26	1 274.75	336.53	864.02	298.64		112.09
	[55]1-585	水泥砂浆 2 cm 厚找平层	10 m^2	0.30	110.91	33.27	58.31	39.70	4.15	8.75
8	050201001002	水洗石铺装	m^2	2.20	123.70	272.14	84.50	28.23		10.96
	2-8	水洗石铺装	10 m^2	0.22	1 236.94	272.13	845.01	282.31		109.62
9	050201001003	花岗岩路面铺装	m^2	1.60	136.86	218.98	28.79	101.55	2.41	4.12

表 3-6-5 单价措施项目工程量清单综合单价分析表

序号	项目编码（定额编号）	项目名称	单位	数量	综合单价（元）	合价（元）	综合单价组成（元）			
							人工费	材料费	机械费	管理费和利润
	4-2	桥洞底板，木模板	m^2	7.330	838.76	6 148.11	362.40	403.32	12.98	60.06

表 3-6-6 材料、机械、设备增值税计算表

编码	名称及型号规格	单位	数量	除税系数(%)	含税价格（元）	含税价格合计(元)	除税价格（元）	除税价格合计(元)	进项税额合计(元)	销项税额合计(元)
AA1C0001	钢筋 Φ10 以内	t	0.142 8	14.25	4 290.00	612.61	3 678.64	525.31	87.30	57.78
BA2C1016	木模板	m^3	1.260 8	14.25	2 300.00	2 899.84	1 972.25	2 486.61	413.23	273.53
BA9-0014	木柴	kg	5.570 4	14.25	1.50	8.36	1.29	7.17	1.19	0.79
BB1-0101	水泥 32.5	t	0.011 9	14.25	360.00	4.28	308.40	3.67	0.61	0.40
BB3-2001	白水泥	kg	0.016 0	14.25	0.66	0.01	0.63	0.01		
BC1-0002	生石灰	t	0.004 6	14.25	290.00	1.33	247.83	1.14	0.19	0.13
BC3-2014	碎石 40 mm	m^3	1.158 8	2.86	61.00	70.69	59.26	68.67	2.02	7.55
BC4-0013	中砂	t	0.613 0	2.86	30.00	18.39	29.14	17.86	0.53	1.96
BC4-3002	本色卵石	t	0.311 5	2.86	273.00	85.04	265.20	82.61	2.43	9.09
BC4-3004	彩色卵石粒径 1～3 cm	t	0.037 0	2.86	388.50	14.37	377.30	13.96	0.41	1.54
BD1-0001	标准砖 240×115×53	千块	0.164 2	14.25	380.00	62.4	325.88	53.51	8.89	5.89
BF3-0005	花岗岩板 厚 30 mm	m^2	1.624 0	14.25	93.00	151.03	79.75	129.51	21.52	14.25
BK1-0005	塑料薄膜	m^2	0.439 2	14.25	0.80	0.35	0.68	0.30	0.05	0.03
CD1Y0122	嵌缝料	kg	3.665 0	14.25	2.60	9.53	2.23	8.17	1.36	0.90
CD1Y0126	隔离剂	kg	7.330 0	14.25	0.98	7.18	0.84	6.16	1.02	0.68
CSCLF	措施费中的材料费	元	91.007 0	6.00	1.00	91.01	0.94	85.55	5.46	9.41
DR1-0014	滑石粉	kg	7.941 0	14.25	0.50	3.97	0.43	3.40	0.57	0.37
EA1C0062	汽油	kg	1.921 9	14.25	9.52	18.3	8.16	15.69	2.61	1.73
FA1-0002	石油沥青 10#	t	0.033 8	14.25	4 600.00	155.48	3 944.38	133.32	22.16	14.67
FA1-0008	石油沥青 30#	kg	14.916 0	14.25	4.90	73.09	4.20	62.67	10.42	6.89

续表 3-6-6

编码	名称及型号规格	单位	数量	除税系数(%)	含税价格(元)	含税价格合计(元)	除税价格(元)	除税价格合计(元)	进项税额合计(元)	销项税额合计(元)
FB1-0004	石油沥青油毡 350 g/m²	m²	6.330 7	14.25	4.00	25.32	3.43	21.71	3.61	2.39
FB1-0004	石油沥青油毡 350 g/m²	m²	12.640 2	14.25	4.00	50.56	3.43	43.36	7.20	4.77
IA2-2010	圆钉	kg	4.984 4	14.25	8.00	39.88	6.86	34.20	5.68	3.76
IF2-0108	镀锌铁丝 22#	kg	1.433 3	14.25	6.70	9.6	5.74	8.23	1.37	0.91
ZA1-0002	水	m³	1.852 6	2.86	5.00	9.26	4.86	9.00	0.26	0.99
ZC1-0002	烟煤	t	0.005 4	14.25	750.00	4.05	642.59	3.47	0.58	0.38
ZE1-0051	冷底子油 3:7	kg	1.267 2	14.20	3.69	4.68	3.17	4.02	0.66	0.44
ZF1-0002	现浇混凝土 C20-10	m³	1.177 4	10.31	213.50	251.37	191.47	225.44	25.93	24.80
ZF1-0003	现浇混凝土 C25-10	m³	0.408 0	10.21	212.10	86.54	190.44	77.70	8.84	8.55
ZF1-0028	现浇混凝土(中砂碎石)C15-40	m³	0.517 7	8.99	173.69	89.92	158.06	81.83	8.09	9.00
ZF1-0395	水泥砂浆 1:2.5	m³	0.174 2	11.73	224.19	39.05	197.88	34.47	4.58	3.79
ZF1-0397	水泥砂浆 1:3	m³	0.060 6	11.35	195.03	11.82	172.94	10.48	1.34	1.15
ZF1-0399	水泥砂浆 1:4	m³	0.048 8	10.69	158.67	7.74	141.60	6.91	0.83	0.76
ZF1-0512	素水泥浆	m³	0.004 8	14.19	543.47	2.61	466.67	2.24	0.37	0.25
ZG1-0001	其他材料费	元	2.358 0		1.00	2.36	1.00	2.36		0.26
00006016-1	灰浆搅拌机 200 L	台班	0.009 6	2.117 0	103.45	0.99	101.04	0.97	0.02	0.11
90000002	机械费	元	11.864 2	10.870 0	1.00	11.86	0.89	10.57	1.29	1.16
CSJXF	措施费中的机械费	元	31.649 3	4.000 0	1.00	31.65	0.96	30.38	1.27	3.34
JX001	折旧费(机械台班)	元	12.210 2	14.530 0	1.00	12.21	0.854 7	10.44	1.77	1.15
JX002	大修理费(机械台班)	元	1.535 5	14.530 0	1.00	1.54	0.854 7	1.32	0.22	0.15
JX003	经常修理费(机械台班)	元	3.487 0	10.170 0	1.00	3.49	0.898 3	3.14	0.35	0.35
JX004	安拆费及场外运费(机械台班)	元	6.617 9		1.00	6.62	1.00	6.62		0.73
JX005	人工(机械台班)	工日	0.047 2		60.00	2.83	59.96	2.83		0.31
JX009	电(机械台班)	kW·h	75.676 3	14.250 0	1.00	75.68	0.86	64.90	10.78	7.14
JX013	人工费(机械台班)	元	0.552 7		1.00	0.55	1.00	0.55		0.06
合计	/	/	/	/	/	5 069.44	/	4 402.43	667.01	484.29

表 3-6-7　单位工程费汇总表

序号	名称	计算基数	费率（%）	金额（元）	其中:(元)		
					人工费	材料费	机械费
1	分部分项工程量清单计价合计	/	/	3 129.54	1 088.92	1 874.49	20.63
2	措施项目清单计价合计	/	/	6 378.80	2 745.15	3 047.34	126.78
2.1	单价措施项目工程量清单计价合计	/	/	6 148.11	2 656.39	2 956.34	95.14
2.2	其他总价措施项目清单计价合计	/	/	230.69	88.76	91.00	31.64
3	其他项目清单计价合计	/	/		/	/	/
4	规费	/	/	396.16	/	/	/
5	安全生产、文明施工费	/	/	384.75	/	/	/
6	税前工程造价	/	/	10 289.25			
6.1	其中:进项税额	/	/	688.02	/	/	/
7	销项税额	/	11.000	1 056.14	/	/	/
8	增值税应纳税额	/	/	368.12	/	/	/
9	附加税费	/	13.500	49.70	/	/	/
10	税金	/	/	417.82	/	/	/
/	合计	/	/	10 707.07	3 834.07	4 921.83	147.41

第七节　雕塑小品工程量清单计价实例

一、工程量清单项目设置及工程量计算规则

雕塑小品工程量清单计算规则见表 3-7-1。

表 3-7-1　雕塑小品工程量清单计算规则

项目编码	项目名称	项目特征	计量单位	工程量计算规则	工作内容
05B001	雕塑	1. 挖二类土方 2. 150 厚级配砂石垫层 3. 100 厚 C15 混凝土垫层 4. C25 钢筋混凝土基础 5. C25 钢筋混凝土柱 6. 成品雕塑	座	按设计图示尺寸以数量计算	

二、雕塑小品工程量清单计价实例

根据图 3-7-1 雕塑小品施工图一、图 3-7-2 雕塑小品施工图二及表 3-7-2 分部分项工程量清单，编制工程量清单计价表，完成工程造价。

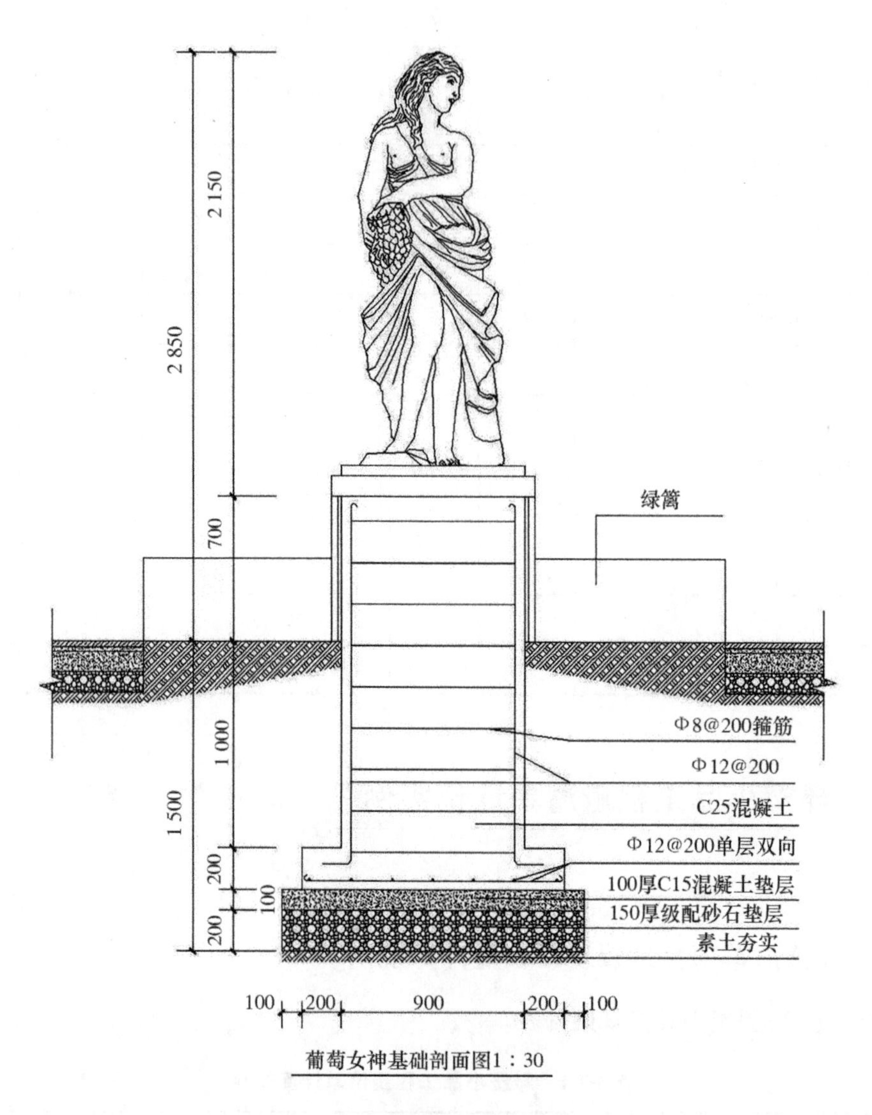

图 3-7-1 雕塑小品施工图一

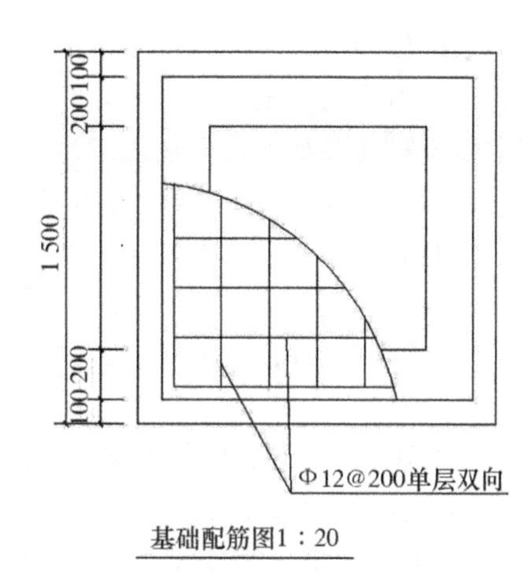

图 3-7-2　雕塑小品施工图二

表 3-7-2　分部分项工程量清单表

序号	项目编码	项目名称	项目特征	计量单位	工程数量
1	010101001001	平整场地	30 cm 以内挖填找平	m^2	1
2	010101002001	挖一般土方	二类干土	m^3	3.375
3	010404001001	砂石垫层	人工级配 1∶1.5	m^3	0.45
4	010501001001	混凝土垫层	C15 混凝土	m^3	0.225
5	010501003001	现浇混凝土独立基础	C25 钢筋混凝土	m^3	0.338
6	010502001001	现浇钢筋混凝土矩形柱	C25 钢筋混凝土	m^3	1.377
7	011202003001	柱面砂浆找平	水泥砂浆 1∶2(中砂)	m^2	3.33
8	011205001001	石材柱面	干挂花岗岩	m^2	3.33
9	01B001	雕塑	花岗岩成品雕塑	座	1

1. 计算分项工程工程量

依据现行定额项目划分，划分工程项目，依据计量单位，写出计算过程。

(1)平整场地：$1\times1=1$ (m^2)

(2)土方开挖：$1.5\times1.5\times1.5=3.375$ (m^2)

(3)素土夯实：$1.5\times1.5=2.25$ (m^2)

(4)级配砂石垫层，文字表述与图中标注不一致，按 200 厚考虑：

$1.5\times1.5\times0.2=0.45$ (m^3)

(5)100 厚 C15 混凝土垫层:1.5×1.5×0.1=0.225 (m^3)

(6)C25 钢筋混凝土基础:1.3×1.3×0.2=0.338 (m^3)

(7)基础模板:1.3×4×0.2=1.04 (m^2)

(8)C25 钢筋混凝土柱:1.7×0.9×0.9 =1.377 (m^3)

(9)C25 钢筋混凝土柱模板:1.7×0.9×4=6.12 (m^2)

(10)钢筋 8:(1.7/0.2+1)×0.8×4×0.395/1 000=0.012 6 (t)

(11)钢筋 12(1.3/0.2+1)×1.3×2×0.888+(0.9/0.2+1)×2×1.7×0.888/1 000=0.036 6 (t)

(12)贴面:0.7×0.9×4=2.52 (m^2)

(13)压顶:0.9×0.9=0.81 (m^2)

(14)20 厚 1∶3水泥砂浆找平层:2.52+0.81=3.33 (m^2)

(15)成品雕塑:1 座

根据以上工程量计算过程分析,通过列表方式计算工程量。先填写分部分项工程名称、列出计算式、调整计量单位,得出工程数量,最后校核。工程量计算表见表 3-7-3。

表 3-7-3 雕塑小品工程量计算表

序号	分项工程名称	单位	工程量	工程量表达式
1	平整场地	100 m^2	0.01	1×1=1 (m^2)
2	人工挖土方二类土	100 m^3	0.003 4	1.5×1.5×1.5=3.375 (m^2)
3	素土夯实	100 m^2	0.022 5	1.5×1.5=2.25 (m^2)
4	垫层,砂石	m^3	0.45	1.5×1.5×0.2=0.45 (m^3)
5	垫层,C15 混凝土	10 m^3	0.022 5	1.5×1.5×0.1=0.225 (m^3)
6	钢筋混凝土独立基础	10 m^3	0.033 8	1.3×1.3×0.2=0.338 (m^3)
7	钢筋混凝土独立基础模板	100 m^2	0.010 4	1.3×4×0.2=1.04 (m^2)
8	钢筋混凝土矩形柱	10 m^3	0.137 7	1.7×0.9×0.9 =1.377 (m^3)
9	钢筋混凝土矩形柱模板	100 m^2	0.061 2	1.7×0.9×4=6.12 (m^2)
10	直径 8 mm 钢筋	t	0.012 6	0.012 6 t
11	直径 12 mm 钢筋	t	0.036 6	0.036 6 t
12	柱面砂浆找平	100 m^2	0.033 3	0.7×0.9×4+0.9×0.9=3.33 (m^2)
13	成品雕塑	座	1	1

2.编制工程量清单计价表

依次编制分部分项工程量清单综合单价分析表,单价措施项目工程量清单综合单价分析表,材料、机械、设备增值税计算表,单位工程费汇总表,见表 3-7-4 至表 3-7-7。

表 3-7-4 分部分项工程量清单综合单价分析表

序号	项目编码（定额编号）	项目名称	单位	数量	综合单价（元）	合价(元)	综合单价组成(元)				人工单价（元/工日）
							人工费	材料费	机械费	管理费和利润	
1	010101001001	平整场地	m^2	1.00	1.94	1.94	1.82			0.12	60.00
	A1-39	人工平整场地	100 m^2	0.01	193.84	1.94	182.40			11.44	60.00
2	010101002001	挖一般土方	m^3	3.38	13.83	46.68	12.89		0.12	0.82	60.00
	A1-1	人工挖土方二类土(深度 2 m 以内)	100 m^3	0.03	1 300.70	44.22	1 224.00			76.70	60.00
	A1-38	人工原土打夯	100 m^2	0.02	106.30	2.44	82.20		17.54	6.56	60.00
3	010404001001	垫,石和砂	m^3	0.45	169.82	76.42	56.22	100.31	0.78	12.53	74.00
	[55]1-92	基础垫层,碎石和砂	10 m^3	0.05	1 698.31	76.42	562.33	1 003.12	7.68	125.18	74.00
4	010501001001	垫层,C15 混凝土	m^3	0.23	345.91	77.83	125.11	182.76	8.36	29.65	74.00
	[55]1-94	垫层,C15 混凝土	10 m^3	0.02	3 384.01	77.83	1 224.03	1 787.95	81.94	290.09	74.00
5	010501003001	独立基础	m^3	0.34	368.73	124.63	88.11	232.84	22.43	25.33	74.00
	A4-5 换	现浇 C25 混凝土独立基础	10 m^3	0.04	3 195.55	124.63	763.68	2 018.01	194.24	219.62	74.00
6	010502001001	矩形柱,C25 混凝土	m^3	1.38	622.07	856.59	182.64	379.30	15.87	44.27	74.00
	A4-16 换	现浇 C25 钢筋混凝土矩形柱	10 m^3	0.14	4 156.31	573.57	1 569.54	2 098.41	113.98	374.38	74.00
	A4-330	钢筋制作、安装,现浇构件(直径 8 mm)	t	0.01	5 717.61	74.33	986.49	4 444.39	55.72	231.01	74.00
	A4-331	钢筋制作、安装,现浇构件(直径 12 mm)	t	0.04	5 640.27	208.69	596.44	4 728.00	145.87	169.96	74.00
7	011202003001	柱面砂浆找平	m^2	3.33	29.28	97.50	19.15	4.59	0.27	5.27	80.00
	[52]B2-75	柱面水泥砂浆抹灰	100 m^2	0.03	2 954.76	97.51	1 932.00	463.47	26.90	532.39	80.00
8	011205001001	石材柱面	m^2	3.33	264.43	880.55	85.77	149.52	4.48	24.66	80.00
	[52]B2-198	柱面干挂花岗岩	100 m^2	0.03	26 683.30	880.55	8 655.20	15 087.57	452.52	2 488.01	80.00
9	01B001	成品雕塑	座	1.00							

表 3-7-5 单价措施项目工程量清单综合单价分析表

定额编号	项目名称	单位	数量	综合单价（元）	合价（元）	综合单价组成（元）				人工单价（元/工日）
						人工费	材料费	机械费	管理费和利润	
A12-6	现浇混凝土独立基础组合式钢模板	100 m^2	0.01	4 941.94	49.42	1 654.64	2 700.24	177.03	410.03	74.00
A12-17	现浇矩形柱组合式钢模板	100 m^2	0.06	5 551.50	338.64	2 665.48	2 012.11	228.65	645.26	74.00

表 3-7-6 材料、机械、设备增值税计算表

编码	名称及型号规格	单位	数量	除税系数（%）	含税价格（元）	含税价格合计（元）	除税价格（元）	除税价格合计（元）	进项税额合计（元）	销项税额合计（元）
	雕塑	座	1.00	14.25	7 000.00	7 000	6 002.50	6 002.50	997.50	660.28
AA1C0001	钢筋 Φ10 以内	t	0.01	14.25	4 290.00	57.06	3 678.95	48.93	8.13	5.38
AA1C0002	钢筋 Φ20 以内	t	0.04	14.25	4 500.00	173.25	3 858.70	148.56	24.69	16.34
BA2C1016	木模板	m^3	0.00	14.25	2 300.00	11.27	1 971.43	9.66	1.61	1.06
BA2C1018	木脚手板	m^3	0.00	14.25	2 200.00	7.04	1 887.50	6.04	1.00	0.66
BA2C1023	支撑方木	m^3	0.02	14.25	2 300.00	40.48	1 972.16	34.71	5.77	3.82
BB1-0101	水泥 32.5	t	0.12	14.25	360.00	41.76	308.71	35.81	5.95	3.94
BB1-0102	水泥 42.5	t	0.55	14.25	390.00	212.86	334.43	182.53	30.33	20.08
BC3-0030	碎石	t	2.64	2.86	42.00	111.08	40.80	107.90	3.18	11.87
BC3-2014	碎石 40 mm	m^3	0.60	2.86	61.00	36.56	59.24	35.51	1.05	3.91
BC4-0013	中砂	t	1.84	2.86	30.00	55.26	29.14	53.68	1.58	5.90
BK1-0005	塑料薄膜	m^2	1.06	14.25	0.80	0.85	0.69	0.73	0.12	0.08
CA1C0007	电焊条 结 422	kg	0.24	14.25	4.14	0.98	3.56	0.84	0.14	0.09
CSCLF	措施费中的材料费	元		6.00	1.00		0.00			

续表 3-7-6

编码	名称及型号规格	单位	数量	除税系数(%)	含税价格(元)	含税价格合计(元)	除税价格(元)	除税价格合计(元)	进项税额合计(元)	销项税额合计(元)
CZB11-002	直角扣件 ≥1.1 kg/套	百套•天	4.94	14.25	1.00	4.94	0.86	4.24	0.70	0.47
CZB11-003	对接扣件 ≥1.25 kg/套	百套•天	0.95	14.25	1.00	0.95	0.85	0.81	0.14	0.09
CZB11-004	旋转扣件 ≥1.25 kg/套	百套•天	0.07	14.25	1.00	0.07	0.84	0.06	0.01	0.01
CZB12-002	组合钢模板	t•天	4.09	14.25	11.00	44.98	9.43	38.57	6.41	4.24
CZB12-004	零星卡具	t•天	1.34	14.25	11.00	14.79	9.43	12.68	2.11	1.39
CZB12-111	支撑钢管 Φ48.3×3.6	百米•天	10.44	14.25	1.60	16.71	1.37	14.33	2.38	1.58
DA1-0027	清油 Y00-1	kg	0.02	14.25	17.00	0.3	14.86	0.26	0.04	0.03
DR1-0032	松节油	kg	0.02	14.25	7.40	0.15	6.57	0.13	0.02	0.01
EA1-0039	煤油	kg	0.13	14.25	11.90	1.57	10.23	1.35	0.22	0.15
EB1-0010	草酸	kg	0.03	14.25	6.00	0.2	5.15	0.17	0.03	0.02
EF1-0009	隔离剂	kg	0.71	14.25	0.98	0.7	0.85	0.60	0.10	0.07
IA1-0208	膨胀螺栓	套	26.18	14.25	0.60	15.71	0.51	13.47	2.24	1.48
IA2C0071	铁钉	kg	0.24	14.25	5.50	1.3	4.68	1.11	0.19	0.12
ID1-0004	合金钢钻头	个	0.13	14.25	7.00	0.92	6.03	0.79	0.13	0.09
IE2-0001	不锈钢连接件(墙上石材干挂专用)	套	26.18	14.25	3.50	91.61	3.00	78.55	13.06	8.64
IF2-0101	镀锌铁丝 8#	kg	0.52	14.25	5.00	2.6	4.29	2.23	0.37	0.25
IF2-0108	镀锌铁丝 22#	kg	0.25	14.25	6.70	1.68	5.75	1.44	0.24	0.16
ZA1-0002	水	m^3	2.36	2.86	5.00	11.79	4.86	11.45	0.34	1.26
ZD1-0009	棉纱头	kg	0.03	14.25	5.83	0.19	4.85	0.16	0.03	0.02

续表 3-7-6

编码	名称及型号规格	单位	数量	除税系数(%)	含税价格(元)	含税价格合计(元)	除税价格(元)	除税价格合计(元)	进项税额合计(元)	销项税额合计(元)
ZE1-0018	石料切割锯片	片	0.14	14.25	18.89	2.66	16.17	2.28	0.38	0.25
ZG1-0001	其他材料费	元	4.01		1.00	4.01	1.00	4.01		0.44
ZS1-0226	结构胶 300 mL	支	0.51	14.25	15.00	7.59	12.87	6.51	1.08	0.72
ZS2-0017	花岗岩板(综合)	m^2	3.42	14.25	110.00	375.71	94.33	322.17	53.54	35.44
ZS2-0023	硬白蜡	kg	0.09	14.25	12.07	1.06	10.40	0.91	0.15	0.10
00006016-1	灰浆搅拌机 200 L	台班	0.01	2.117 0	103.45	1.46	101.42	1.43	0.03	0.16
90000002	机械费	元	2.23	10.870 0	1.00	2.23	0.89	1.99	0.24	0.22
CSJXF	措施费中的机械费	元		4.000 0	1.00		0.00			
JX001	折旧费(机械台班)	元	8.80	14.530 0	1.00	8.8	0.854 7	7.52	1.28	0.83
JX002	大修理费(机械台班)	元	1.40	14.530 0	1.00	1.4	0.854 7	1.20	0.20	0.13
JX003	经常修理费(机械台班)	元	4.47	10.170 0	1.00	4.47	0.898 3	4.02	0.45	0.44
JX004	安拆费及场外运费(机械台班)	元	2.41		1.00	2.41	1.00	2.41		0.27
JX005	人工(机械台班)	工日	0.19		60.00	11.32	59.99	11.32		1.25
JX007	柴油(机械台班)	kg	1.09	14.250 0	9.80	10.72	8.40	9.19	1.53	1.01
JX009	电(机械台班)	kW•h	16.61	14.250 0	1.00	16.61	0.86	14.24	2.37	1.57
JX013	人工费(机械台班)	元	3.41		1.00	3.41	1.00	3.41		0.38
JX014	其他费用(机械台班)	元	0.79		1.00	0.79	1.00	0.79		0.09
合计	/	/	/	/	/	8 414.26	/	7 243.27	1 170.99	796.79

表 3-7-7　单位工程费汇总表

序号	名称	计算基数	费率（%）	金额（元）	其中:(元)		
					人工费	材料费	机械费
1	分部分项工程量清单计价合计	/	/	9 162.14	729.43	8 200.44	47.89
2	措施项目清单计价合计	/	/	388.06	179.14	149.74	15.72
2.1	单价措施项目工程量清单计价合计	/	/	388.06	179.14	149.74	15.72
2.2	其他总价措施项目清单计价合计	/	/				
3	其他项目清单计价合计	/	/		/	/	/
4	规费	/	/	159.33	/	/	/
5	安全生产、文明施工费	/	/	431.56	/	/	/
6	税前工程造价	/	/	10 141.09			
6.1	其中:进项税额	/	/	1 187.39	/	/	/
7	销项税额	/	11.000	984.91	/	/	/
8	增值税应纳税额	/	/		/	/	/
9	附加税费	/	13.500		/	/	/
10	税金	/	/		/	/	/
/	合计	/	/	10 141.09	908.57	8 350.18	63.61

第四章　计算机软件计价方法及实例

第一节　水池单项园林工程新奔腾软件计价实例

图 4-1-1 为钢筋混凝土圆形水池示意图，直径 2 400 mm，高 600 mm，池底、池壁均为 C30 混凝土，厚 150 mm，池底双层、双向配置 Φ12@200 钢筋，马凳 Φ8@1000；池壁双层、双向配置 Φ12@200 钢筋，拉筋 Φ6@600。防水、找平等构造做法见水池剖面图，水池内侧、外侧、顶面粘贴红色抛光面花岗岩。使用新奔腾量筋合一算量软件、2016 计价软件，计算土建和钢筋工程量，完成计价。

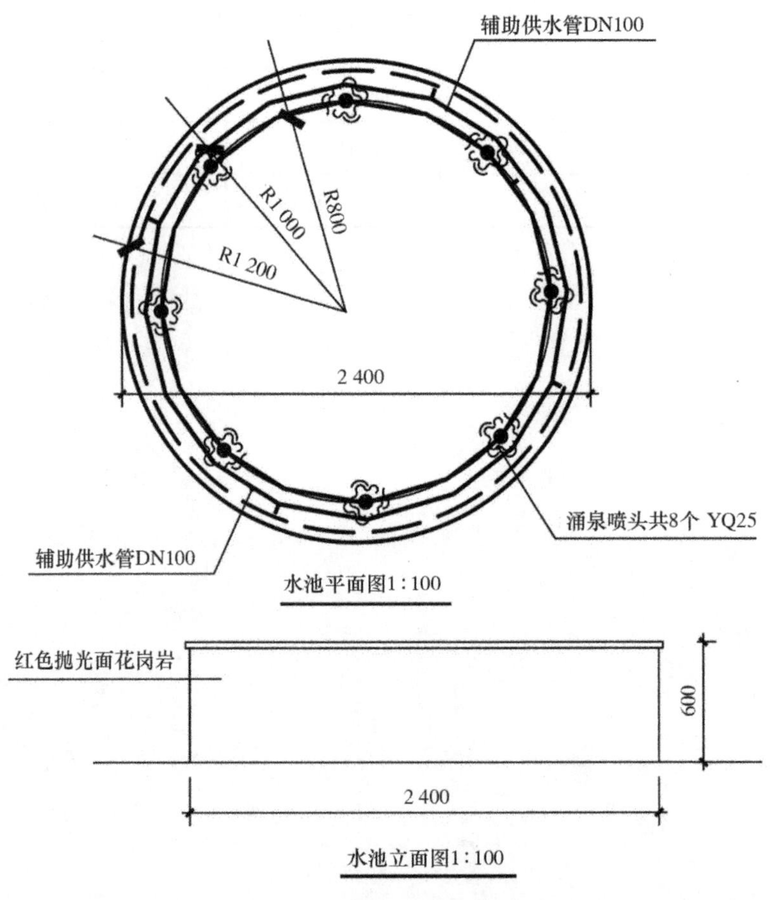

图 4-1-1　钢筋混凝土水池示意图

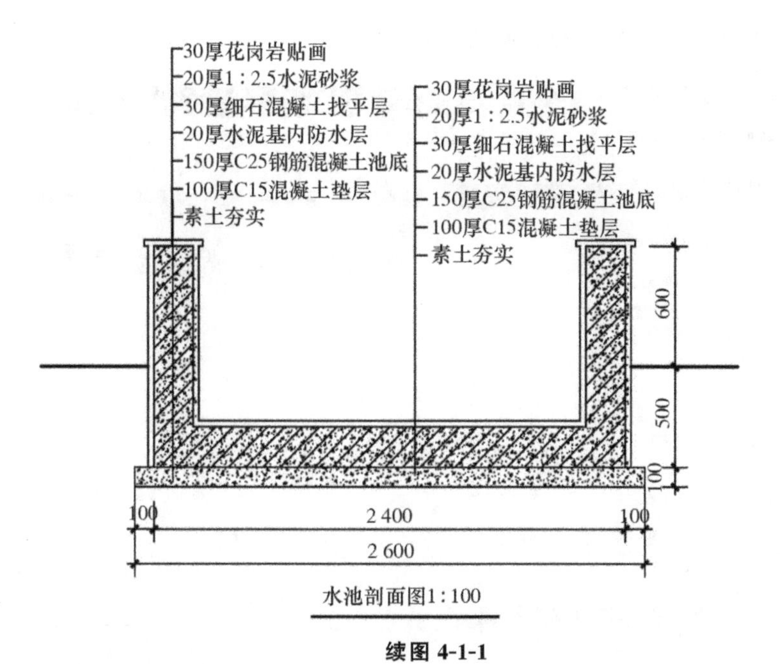

续图 4-1-1

一、工程量计算步骤

1. 新建单项园林工程，双击打开桌面新奔腾量筋合一算量软件 V8.6，如图 4-1-2 所示。

图 4-1-2　步骤 1

2. 工程基本信息设置(全局设置)。见图 4-1-3。

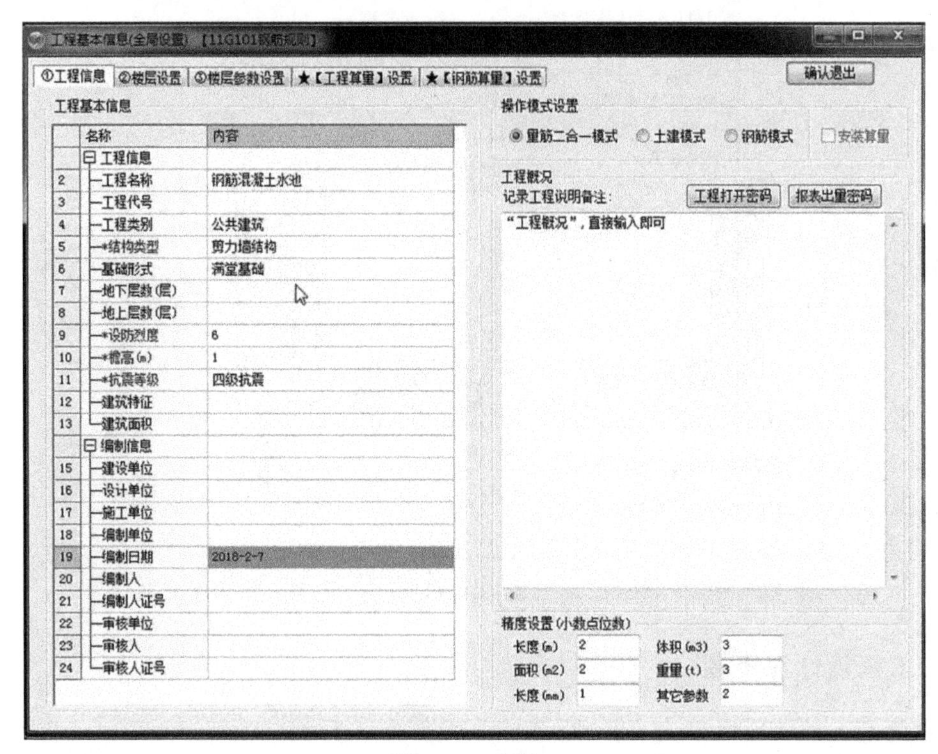

图 4-1-3 步骤 2

3. 工程楼层设置、楼层参数设置、工程算量设置、钢筋算量设置。见图 4-1-4。

工程基本信息(全局设置) 【11G101钢筋规则】

①工程信息 ②楼层设置 ③楼层参数设置 ★【工程算量】设置 ★【钢筋算量】设置

按楼层定义楼层默认参数：首层

默认工程
首层(空)[1,0.95m,0m]
基础层(空)[1,0m,0m]

工程算量-楼层参数设置 钢筋算量-楼层参数设置 构件标高设置

楼层参数快速复制 当前表格恢复默认值 当前楼层参数设置为默认

砼构件	砼类型↓	砼标号↓	模板类型↓	浇捣方
基础	预拌砼	C30	组合钢模板	输送泵
基础梁	预拌砼	C30	组合钢模板	输送泵
剪力墙	预拌砼	C30	组合钢模板	输送泵
人防门框墙	预拌砼	C30	组合钢模板	输送泵
框架柱	预拌砼	C30	组合钢模板	输送泵
暗柱	预拌砼	C30	组合钢模板	输送泵
框架梁	预拌砼	C30	组合钢模板	输送泵
非框梁	预拌砼	C30	组合钢模板	输送泵
板	预拌砼	C30	组合钢模板	输送泵
构造柱	预拌砼	C20	组合钢模板	输送泵
圈梁	预拌砼	C20	组合钢模板	输送泵
过梁	预拌砼	C20	组合钢模板	输送泵
垫层	预拌砼	C15	组合钢模板	输送泵
其它	预拌砼	C20	组合钢模板	输送泵
砖砌构件	砌体材料↓	砂浆标号↓	砂浆类型↓	
砖墙	加气砼砌块	M7.5,混合	水泥石灰砂浆	
砖柱	加气砼砌块	M7.5,混合	水泥石灰砂浆	

图 4-1-4 步骤 3

4.弧形轴网定义。见图 4-1-5。

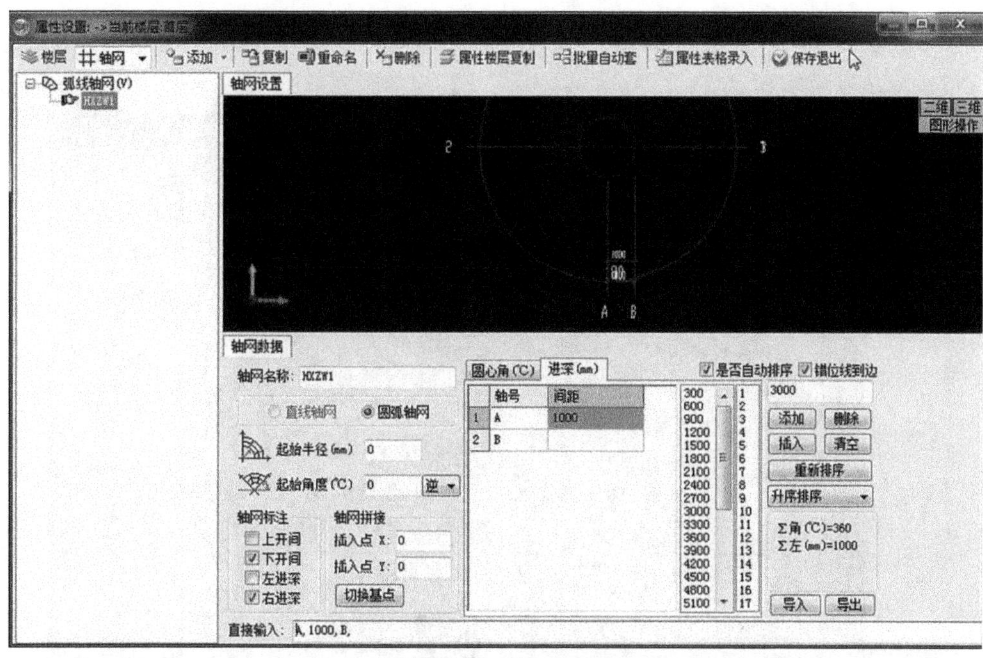

图 4-1-5 步骤 4

5.设置钢筋混凝土墙,代表钢筋混凝土水池池壁。见图 4-1-6。

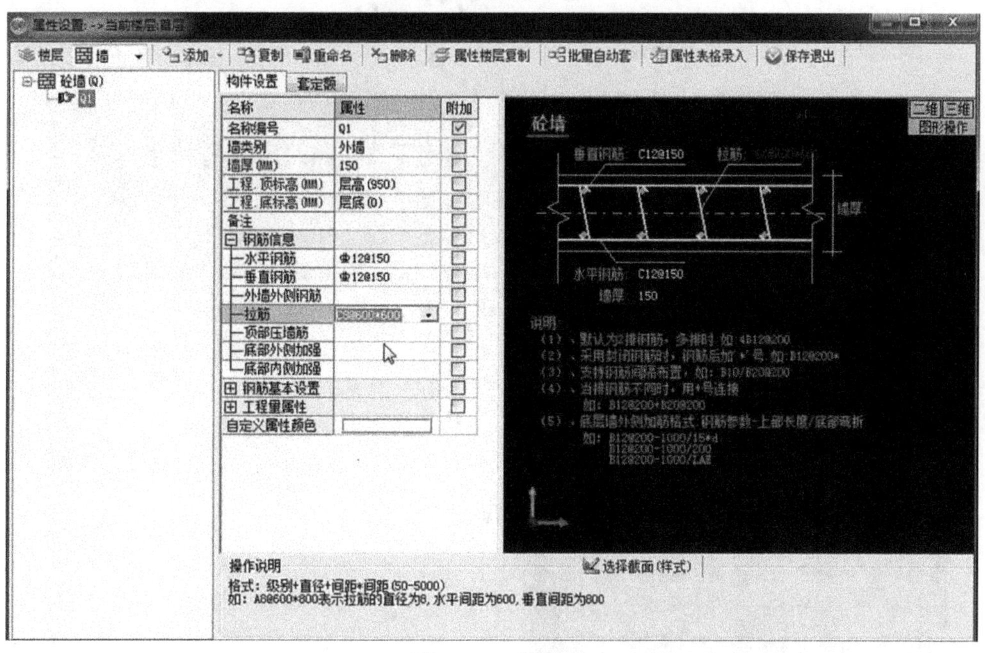

图 4-1-6 步骤 5

6. 绘制钢筋混凝土墙，代表钢筋混凝土水池池壁。见图 4-1-7。

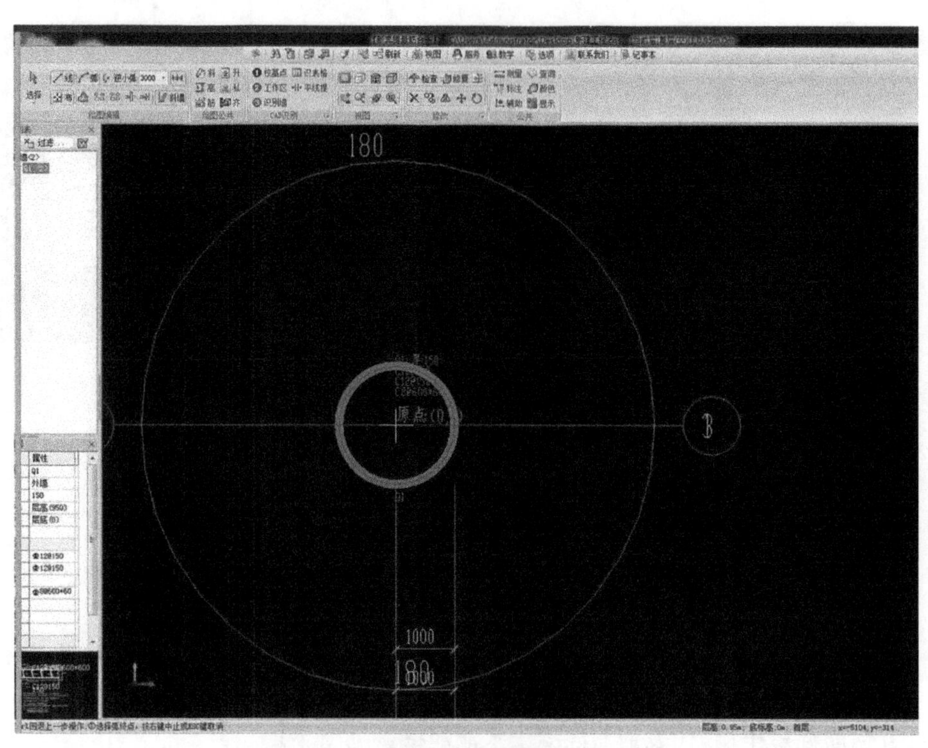

图 4-1-7　步骤 6

7. 首层的轴线、墙复制到基础层。见图 4-1-8。

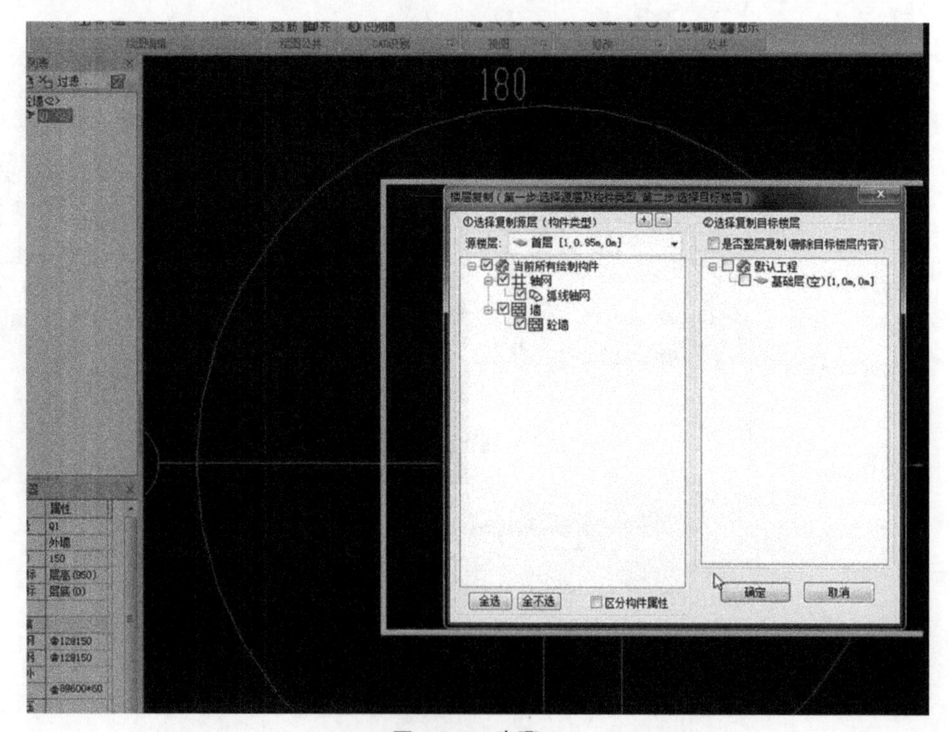

图 4-1-8　步骤 7

8. 在基础层，设置筏板基础，代表钢筋混凝土水池池底。见图 4-1-9。

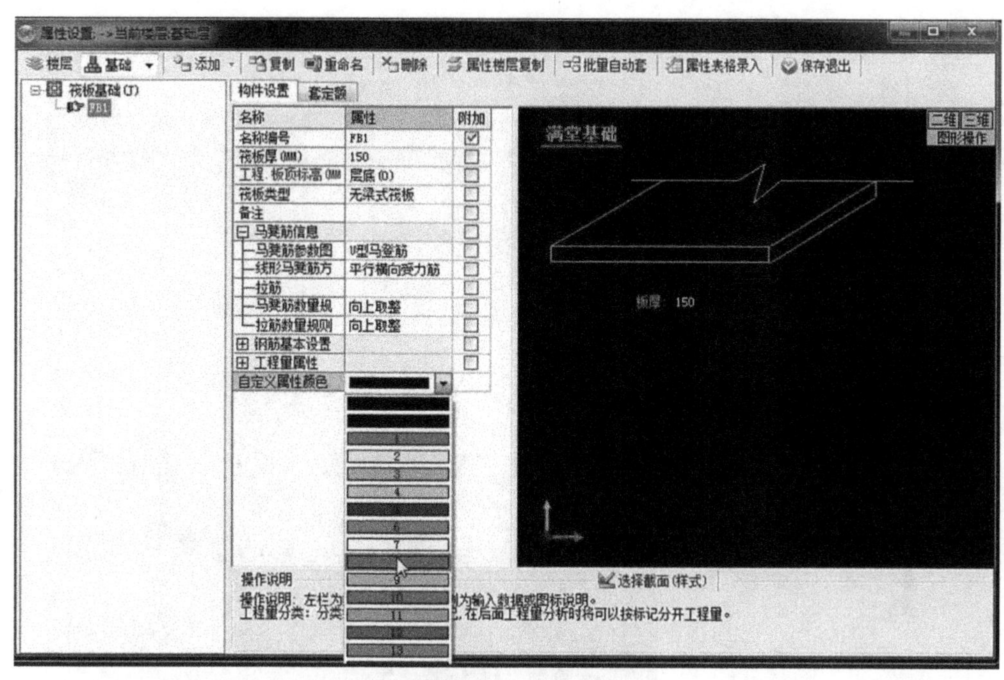

图 4-1-9　步骤 8

9. 定义筏板基础钢筋，包括底筋、面筋、撑筋。见图 4-1-10。

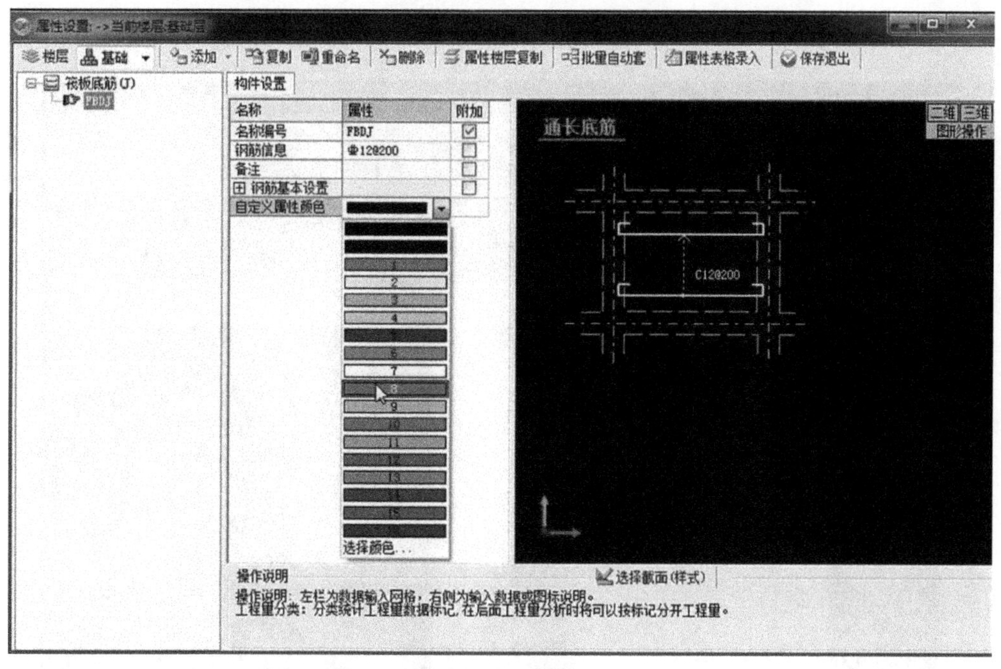

图 4-1-10　步骤 9

10. 绘制筏板基础钢筋。见图 4-1-11。

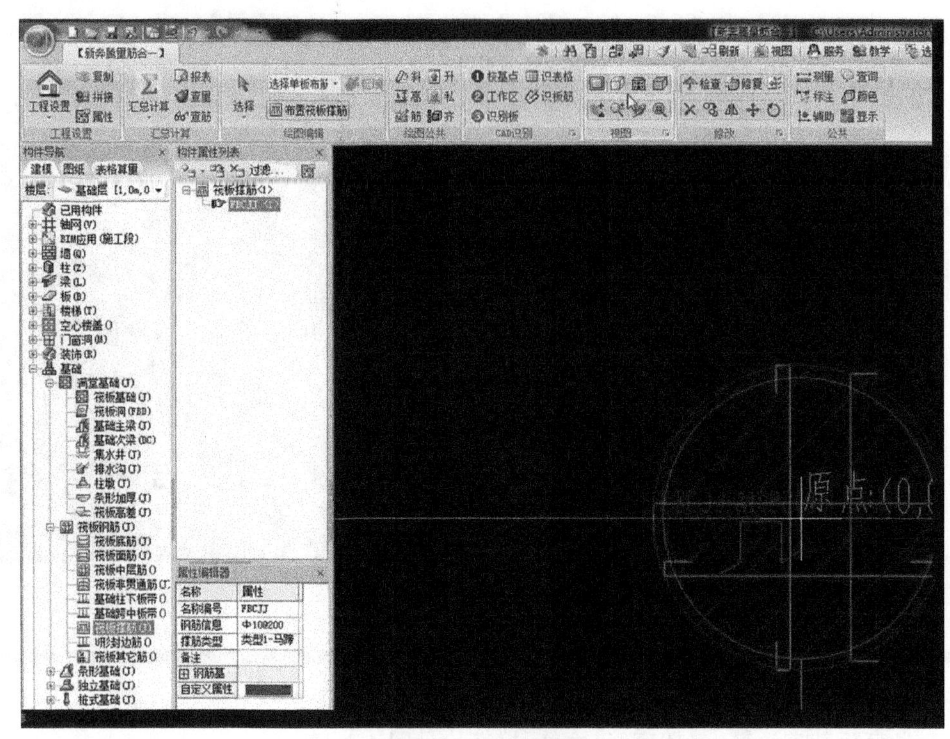

图 4-1-11 步骤 10

11. 在基础层,设置 100 厚 C15 混凝土垫层。见图 4-1-12。

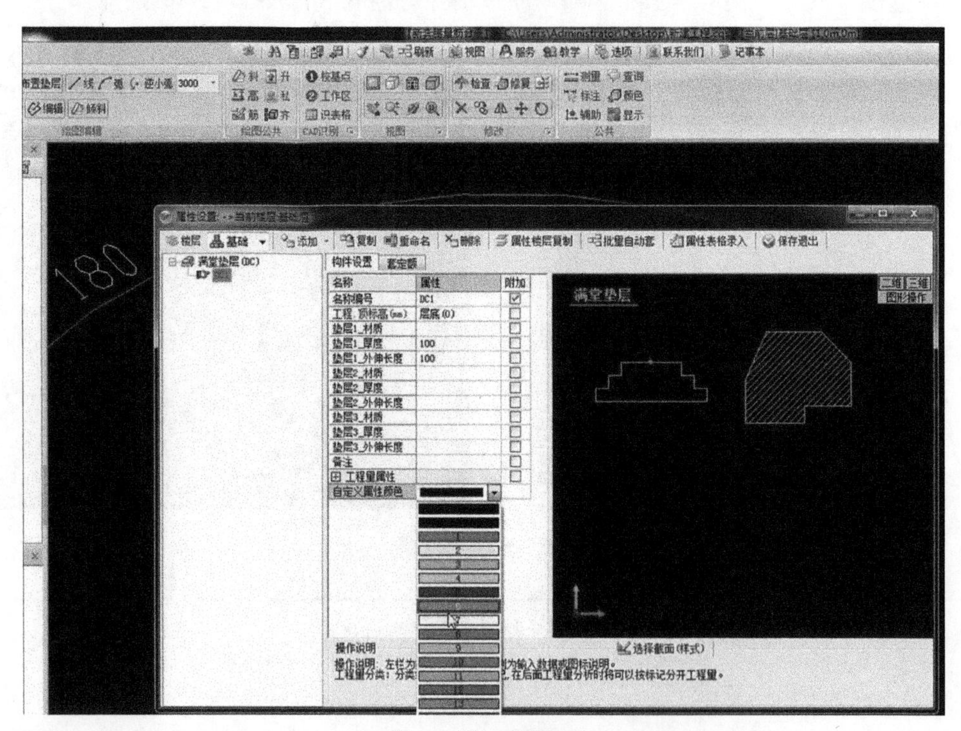

图 4-1-12 步骤 11

12.智能布置垫层。见图 4-1-13。

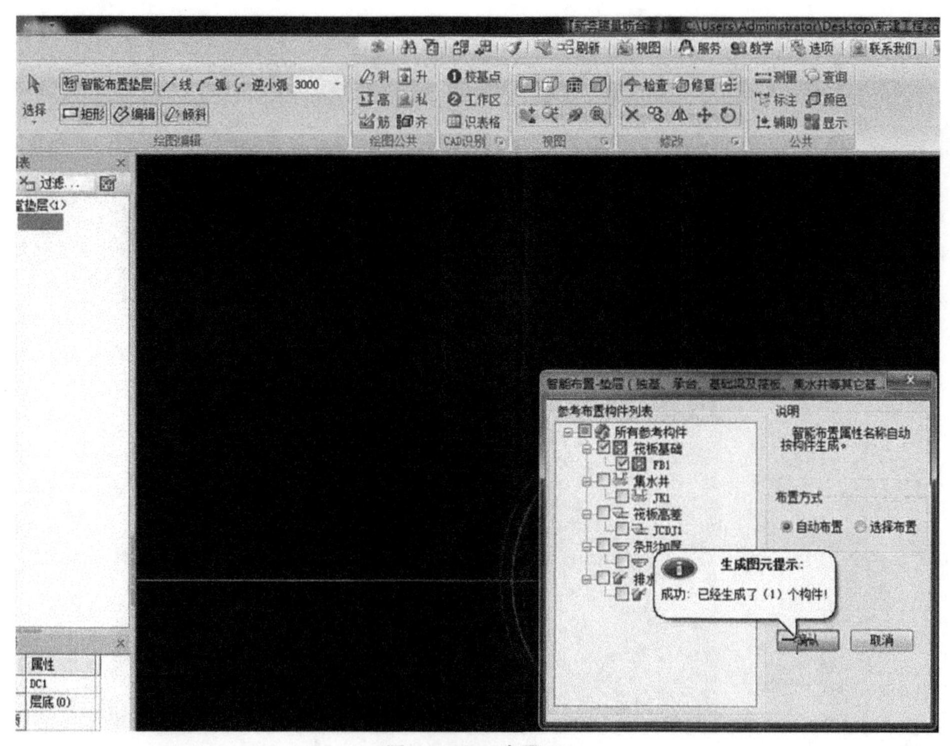

图 4-1-13　步骤 12

13.整楼显示,查看效果图。然后进行装饰布置。见图 4-1-14。

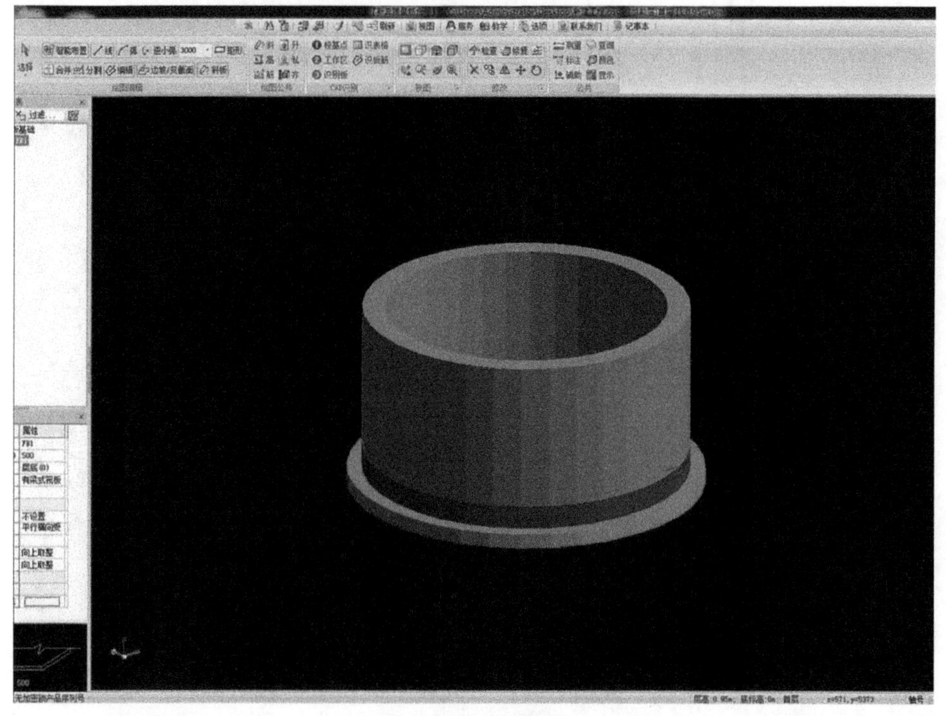

图 4-1-14　步骤 13

14.汇总计算工程算量和钢筋算量。见图 4-1-15。

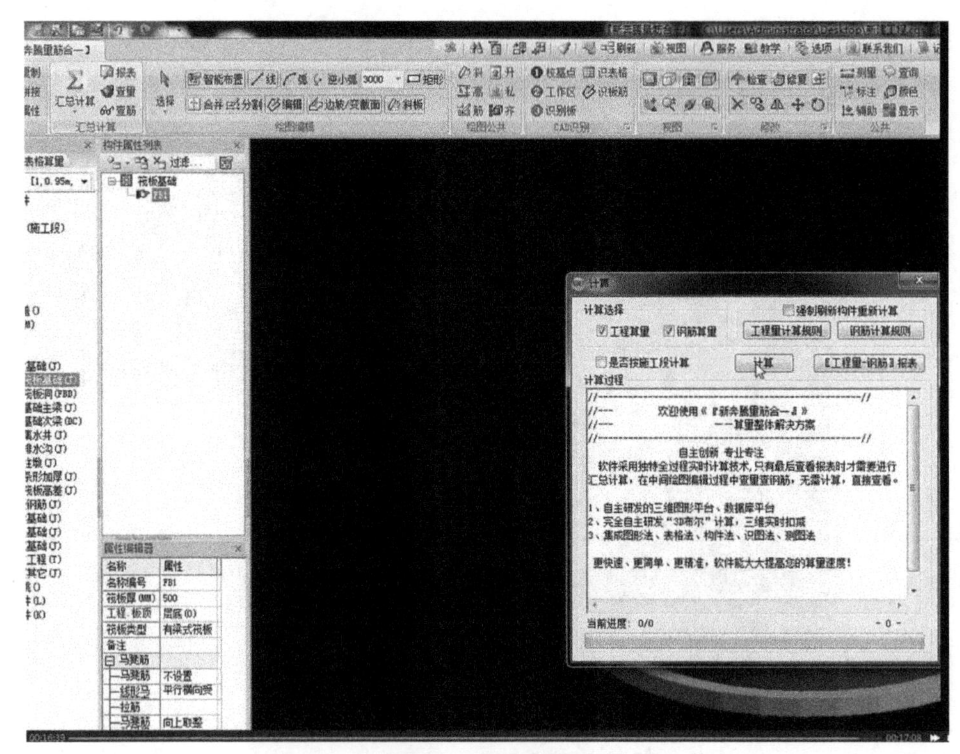

图 4-1-15 步骤 14

15.查看报表,保存工程。见图 4-1-16。

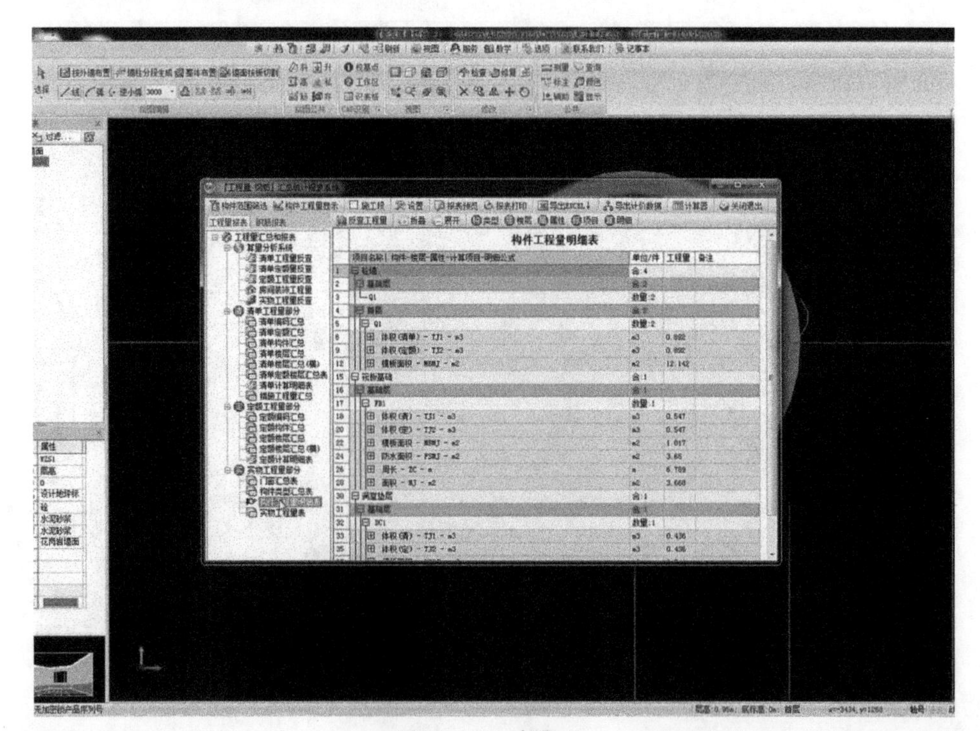

图 4-1-16 步骤 15

二、软件计价

算量软件完成计量并且自动套定额后，可以直接导入计价软件中完成计价。计价表格略。类似的园林工程项目，都可以使用这样的计算方法，但有些在算量软件中没有自动套价的分项工程，在计价软件中要补充。

第二节　综合园林工程广联达软件计价实例

图 4-2-1 为某广场综合园林工程，包括弧形花架、圆形花坛、两个坐凳。各图中的尺寸、间距、着色等为示意。使用广联达 BIM 土建算量软件、GGJ 钢筋算量软件、GBQ4.0 计价软件，计算工程量，完成计价。

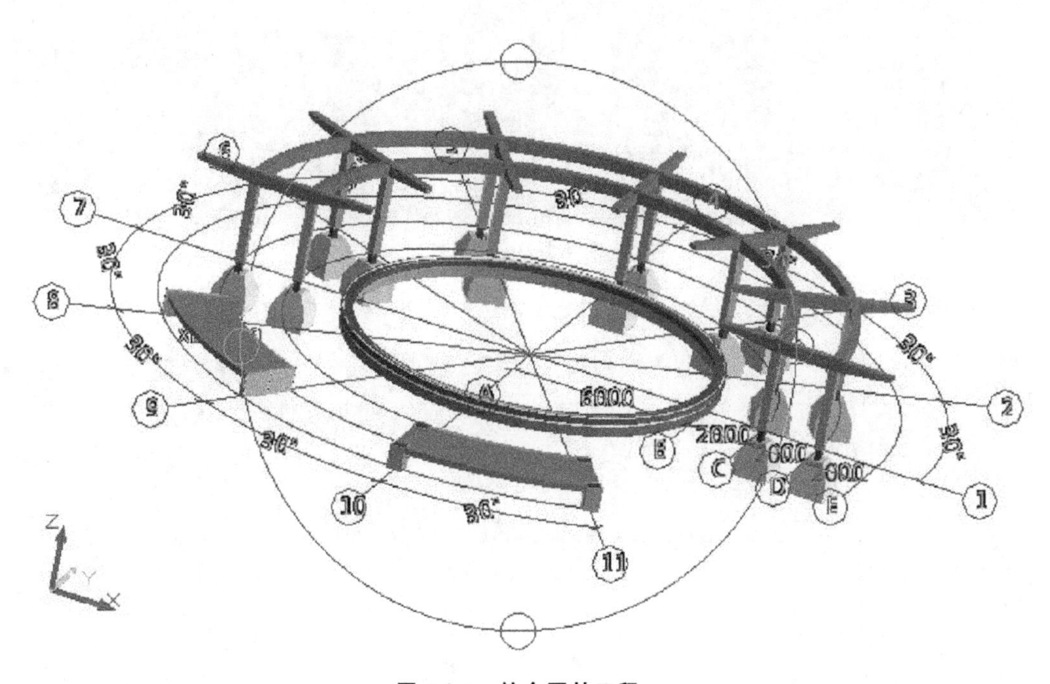

图 4-2-1　综合园林工程

一、工程量计算步骤

1. 新建综合园林工程，双击桌面广联达 BIM 土建算量软件，如图 4-2-2 所示。

图 4-2-2　步骤 1

2. 新建向导。见图 4-2-3。

图 4-2-3　步骤 2

3.填写工程名称。见图 4-2-4。

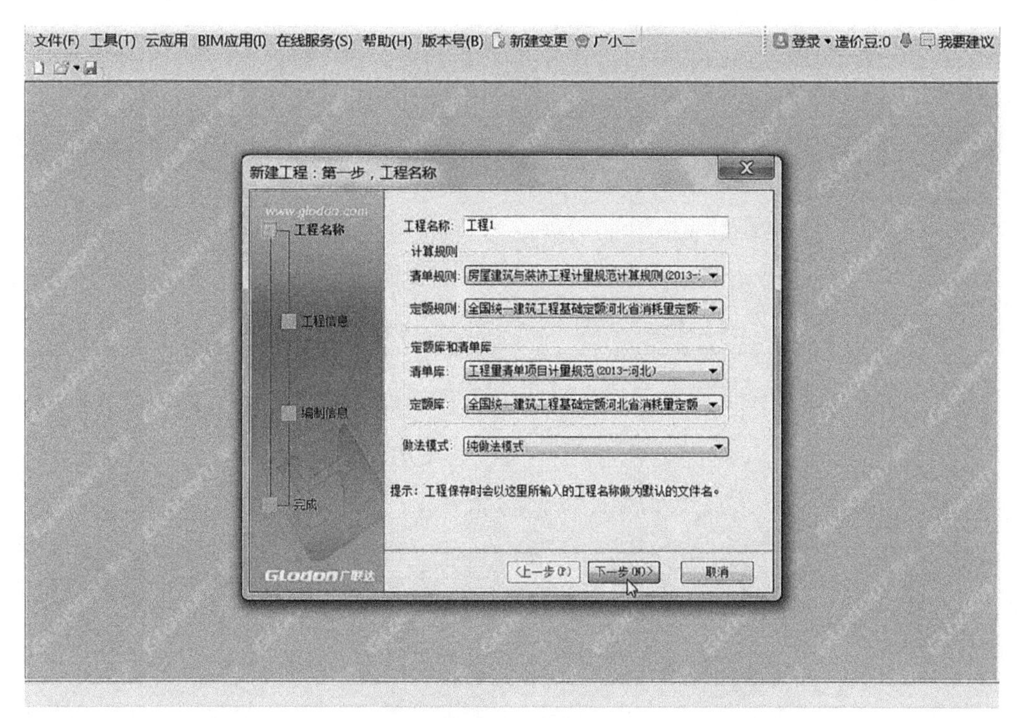

图 4-2-4　步骤 3

4.填写工程信息。见图 4-2-5。

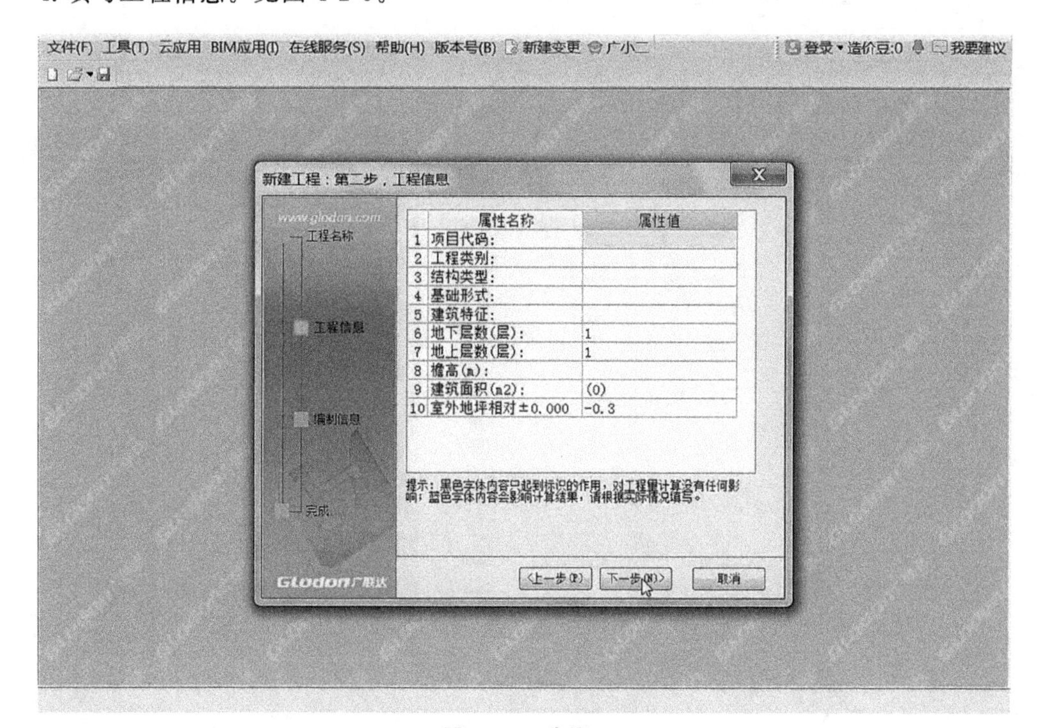

图 4-2-5　步骤 4

5. 楼层设置，首层层高 3 m，基础层高 1.5 m，构件类型等，绘图输入。见图 4-2-6。

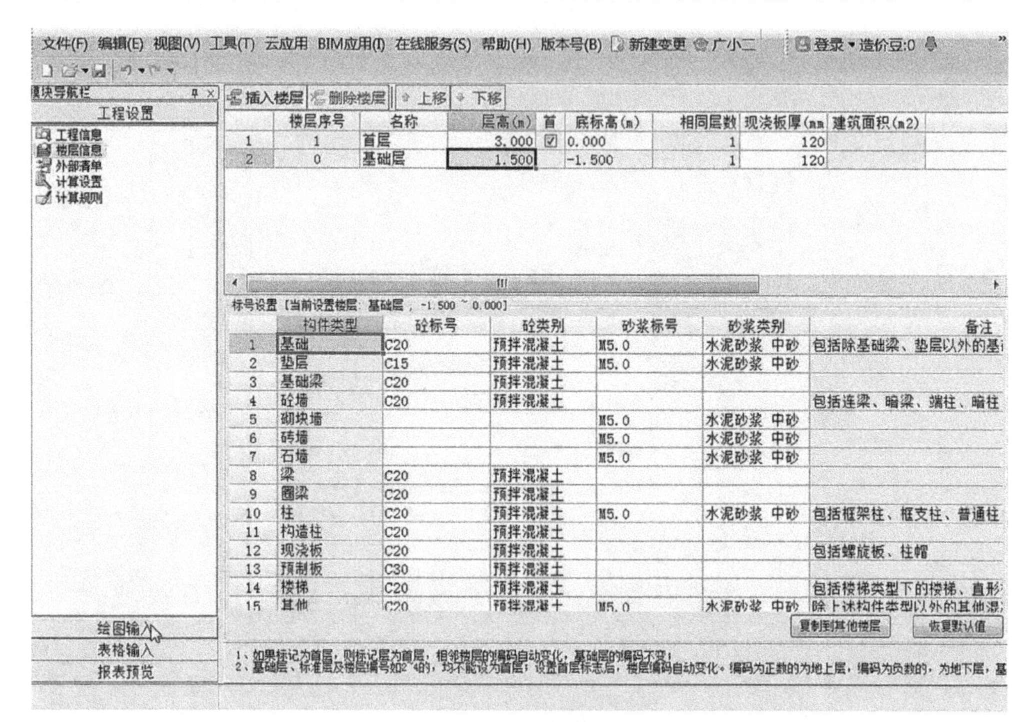

图 4-2-6 步骤 5

6. 定义、新建、绘制圆形轴网。见图 4-2-7。

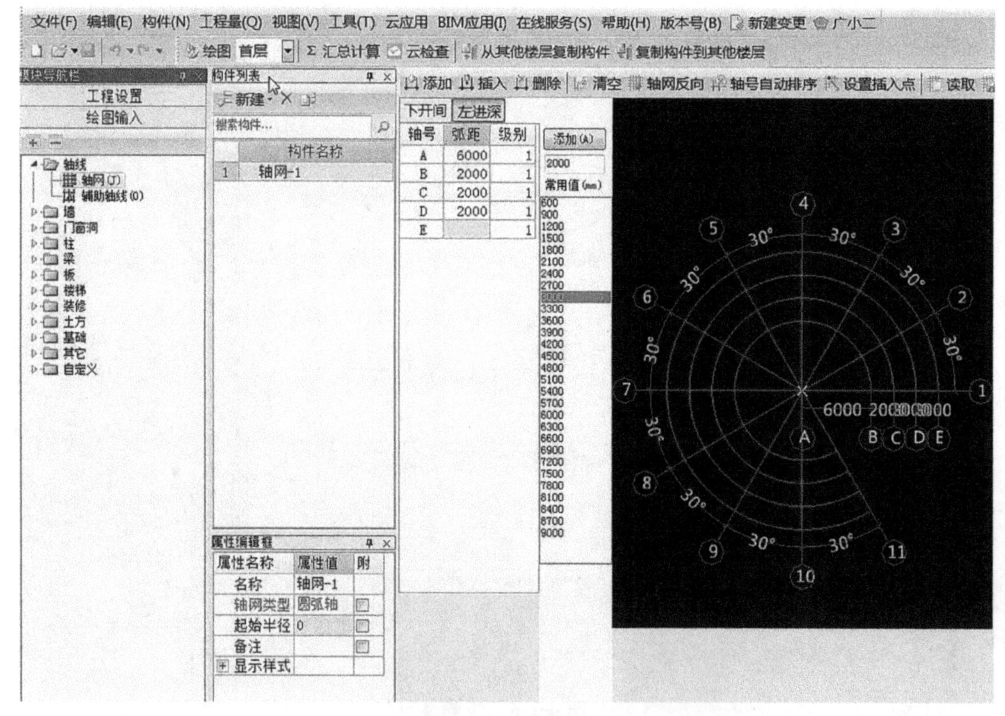

图 4-2-7 步骤 6

7. 定义、新建、绘制矩形柱。见图 4-2-8。

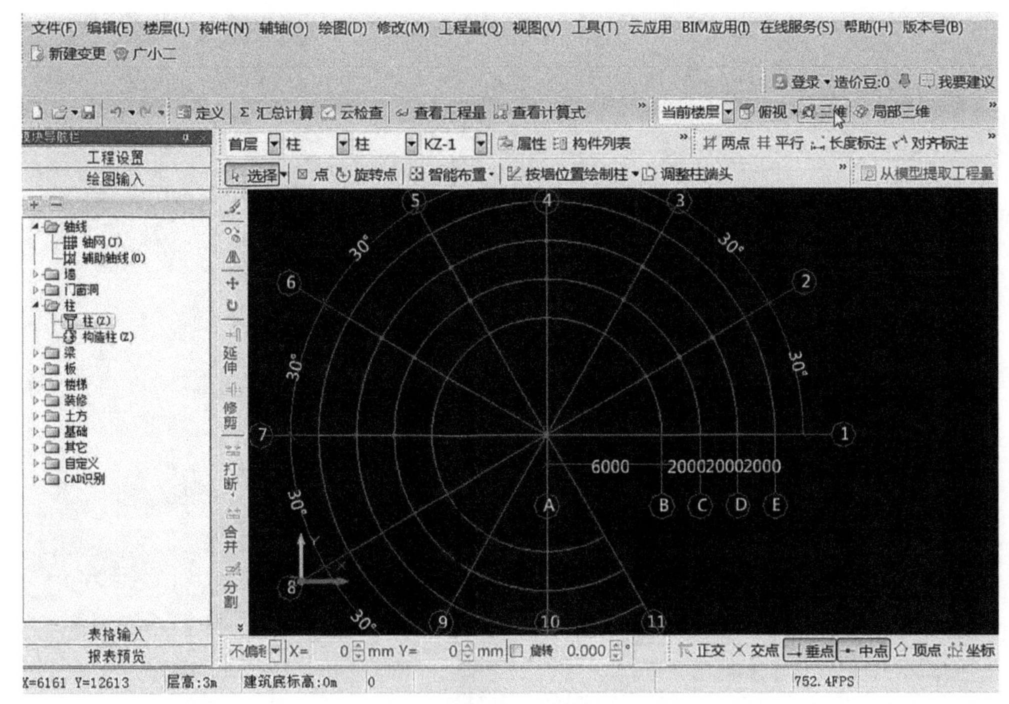

图 4-2-8 步骤 7

8. 查看三维,动态观察。见图 4-2-9。

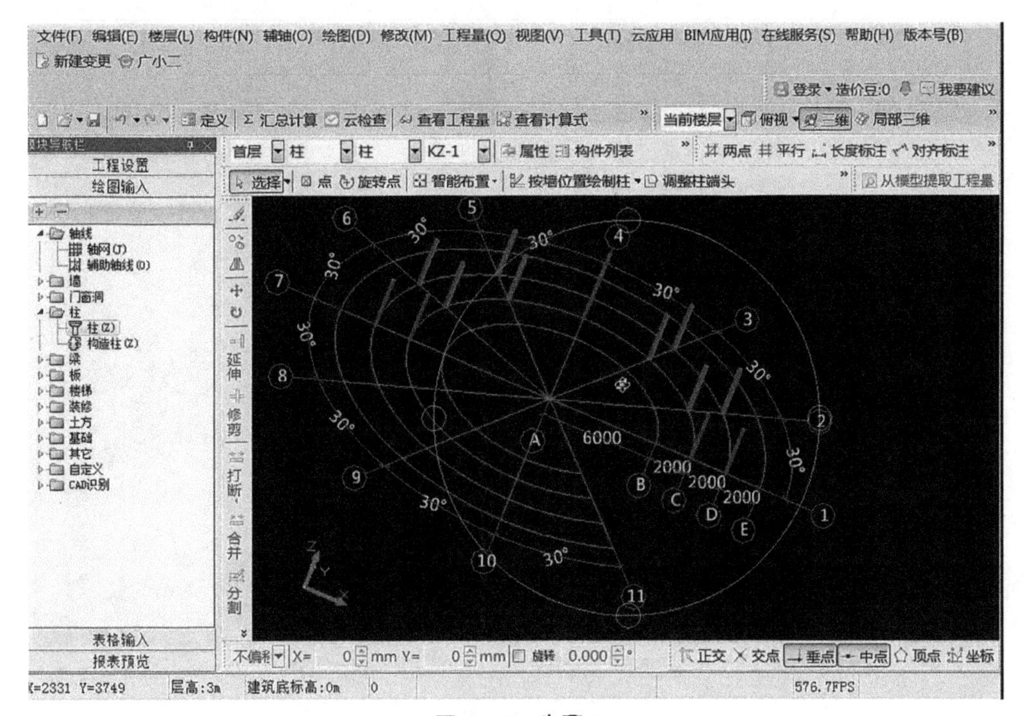

图 4-2-9 步骤 8

9.定义、新建、绘制花架梁。见图 4-2-10。

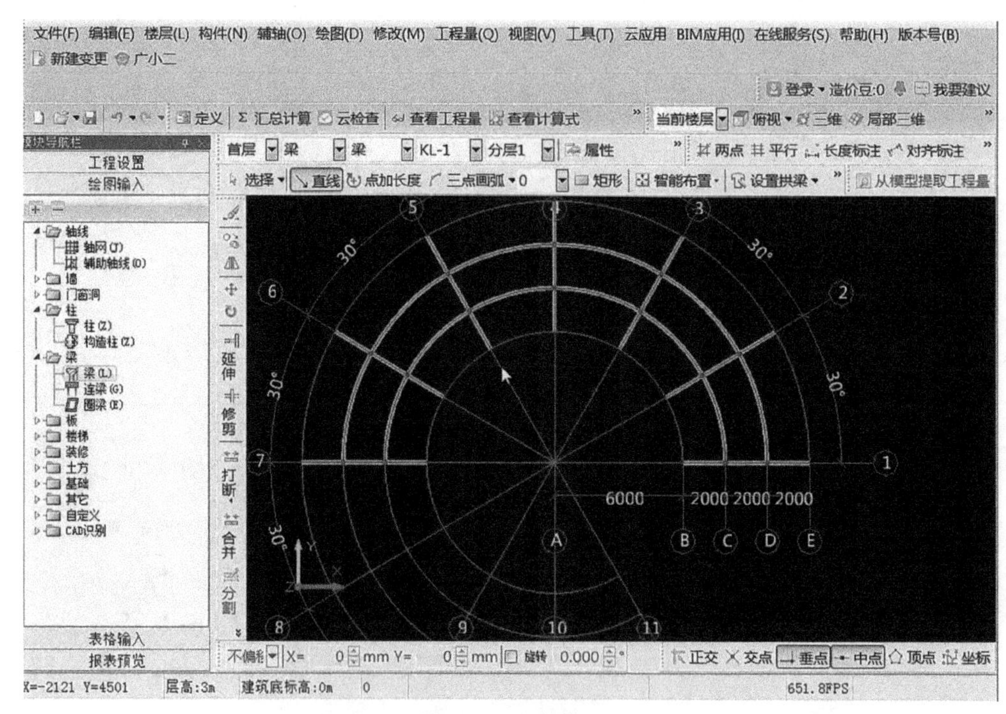

图 4-2-10 步骤 9

10.查看三维,动态观察。见图 4-2-11。

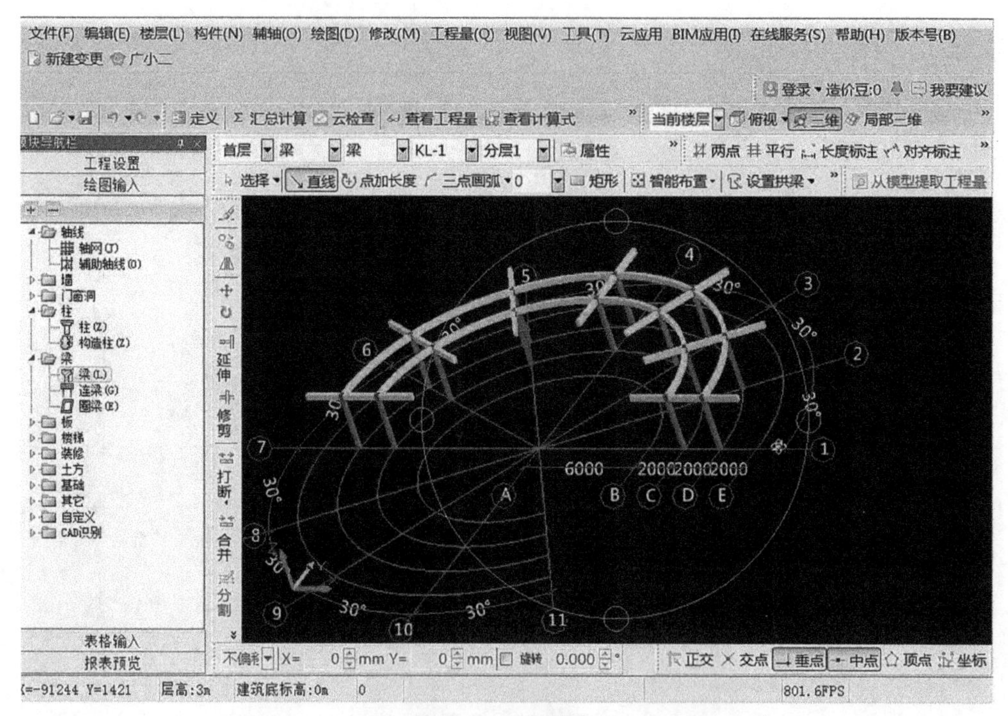

图 4-2-11 步骤 10

11. 导入钢筋算量软件,修改梁的牛腿端部。见图 4-2-12。

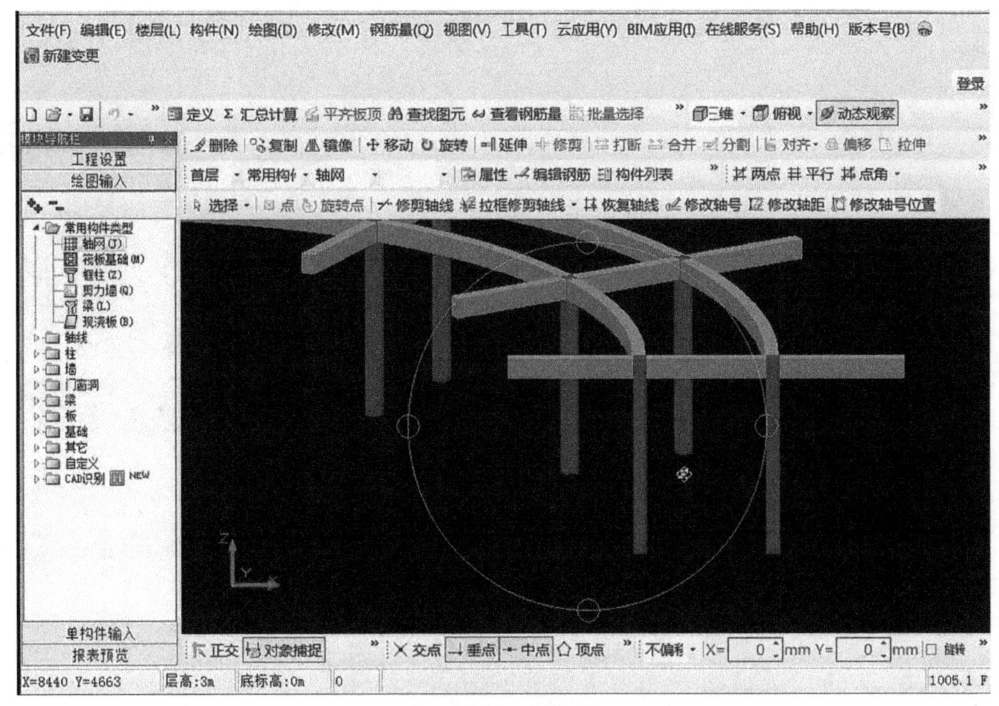

图 4-2-12　步骤 11

12. 选中梁,打断梁,见图 4-2-13。

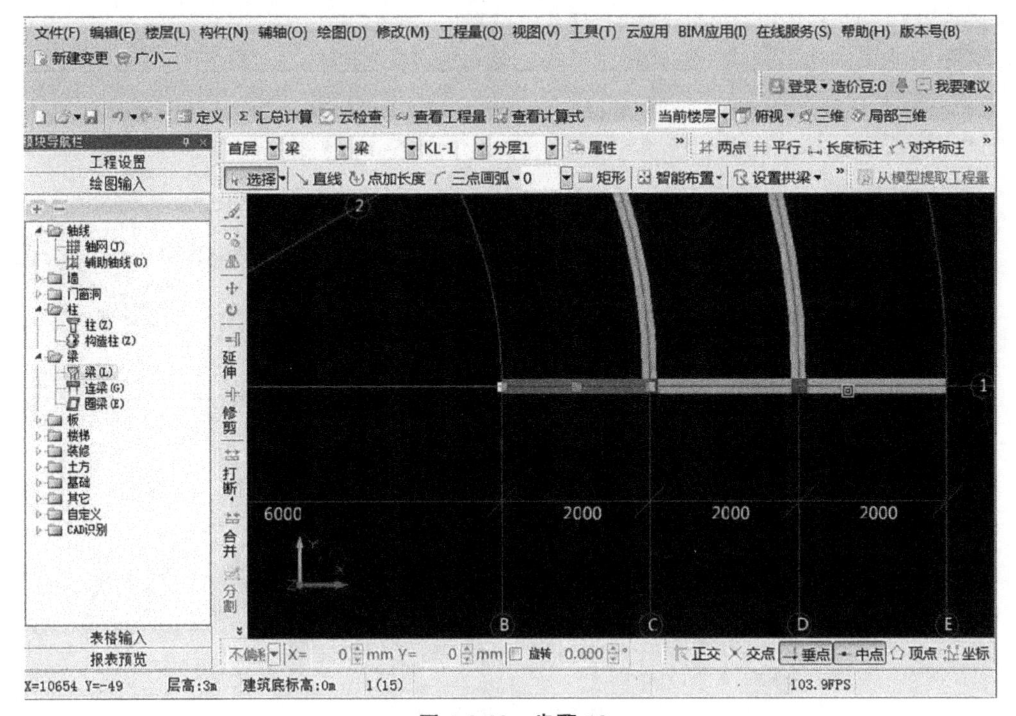

图 4-2-13　步骤 12

13. 选中梁平法表格，修改截面。梁端部厚度 50。见图 4-2-14。

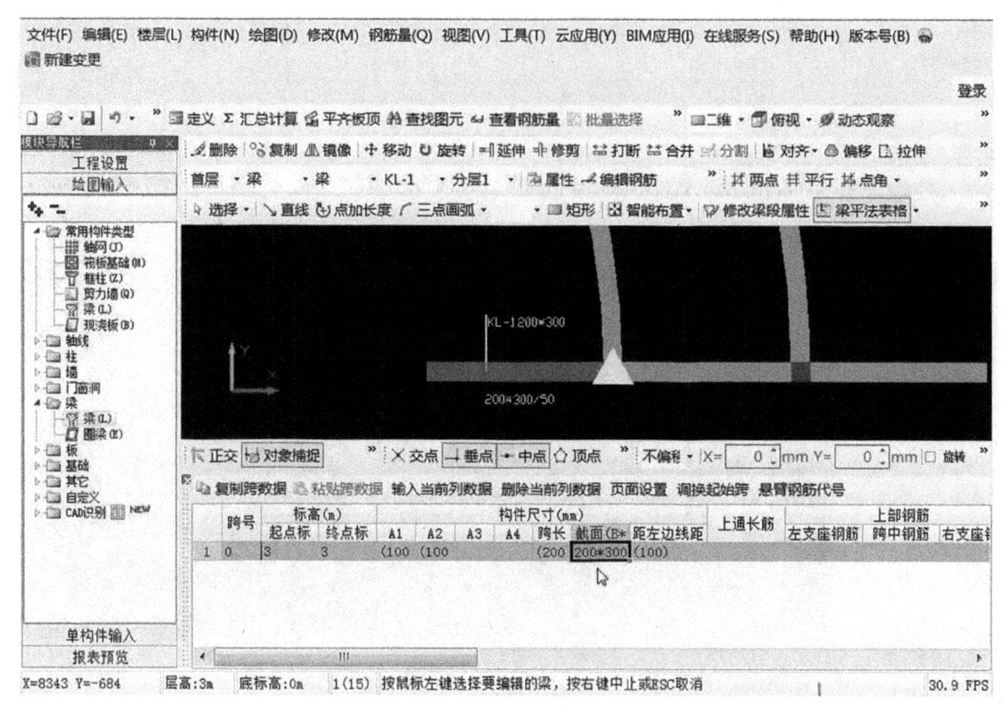

图 4-2-14 步骤 13

14. 动态观察，梁端部厚度，修改成功。见图 4-2-15。

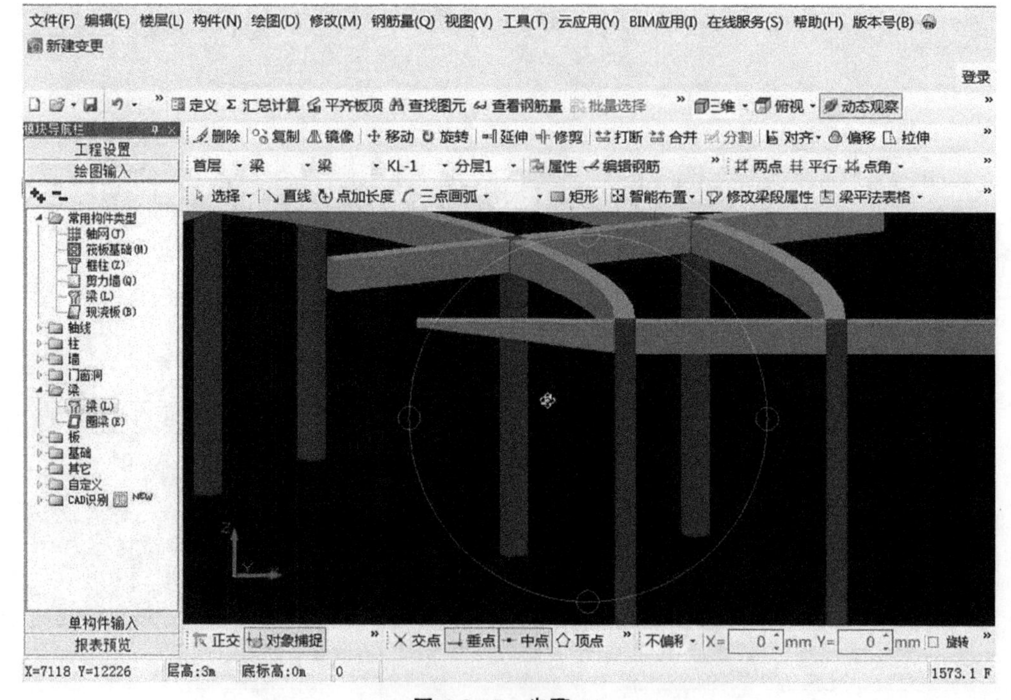

图 4-2-15 步骤 14

15.同样的方法,修改所有梁的端部厚度。见图 4-2-16。

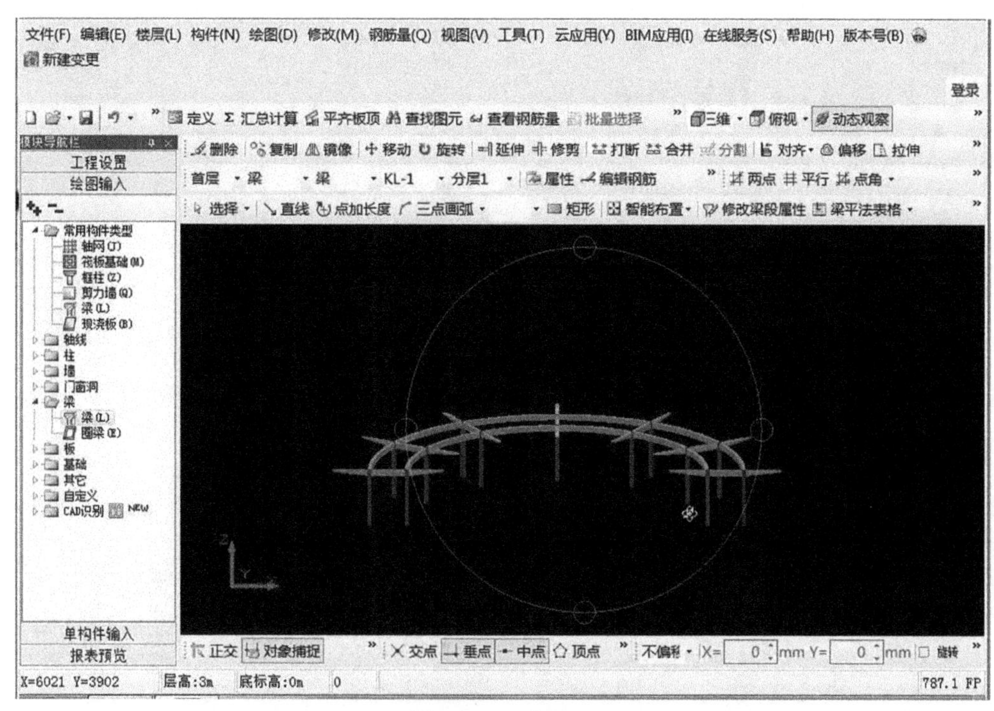

图 4-2-16　步骤 15

16.保存钢筋工程。见图 4-2-17。

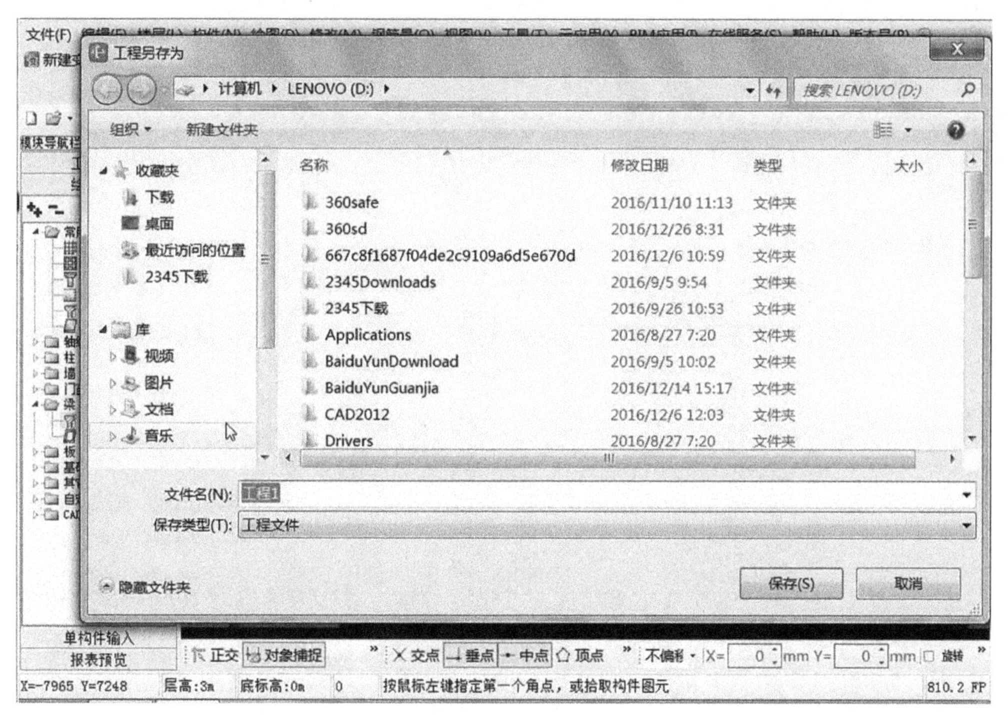

图 4-2-17　步骤 16

17. 打开 BIM 土建算量软件，导入钢筋工程。见图 4-2-18。

文件(F) 编辑(E) 视图(V) 工具(T) 云应用 BIM应用(I) 在线服务(S) 帮助(H) 版本号(B) 新建变更 广小二 登录 造价豆:0

新建(N)... Ctrl+N
新建变更
打开变更
打开(O)... Ctrl+O
关闭(C)
保存(S) Ctrl+S
快速保存 Shift+Ctrl+S
另存为(A)...
导入钢筋(GGJ)工程
合并图形(GCL)工程
导出GCL工程(T)...
1 工程111
退出(X)

插入楼层 删除楼层 上移 下移

	楼层序号	名称	层高(m)	首	底标高(m)	相同层数	现浇板厚(mm)	建筑面积(m2)
1	1	首层	3.000	☑	0.000	1	120	
2	0	基础层	3.000		-3.000	1	120	

号设置 [当前设置楼层：首层，0.000 ~ 3.000]

	构件类型	砼标号	砼类别	砂浆标号	砂浆类别	备注
1	基础	C20	预拌混凝土	M5.0	水泥砂浆 中砂	包括除基础梁、垫层以外的基
2	垫层	C15	预拌混凝土	M5.0	水泥砂浆 中砂	
3	基础梁	C20	预拌混凝土			
4	砼墙	C20	预拌混凝土			包括连梁、暗梁、端柱、暗柱
5	砌块墙			M5.0	水泥砂浆 中砂	
6	砖墙			M5.0	水泥砂浆 中砂	
7	石墙			M5.0	水泥砂浆 中砂	
8	梁	C20	预拌混凝土			
9	圈梁	C20	预拌混凝土			
10	柱	C20	预拌混凝土	M5.0	水泥砂浆 中砂	包括框架柱、框支柱、普通柱
11	构造柱	C20	预拌混凝土			
12	现浇板	C20	预拌混凝土			包括螺旋板、柱帽
13	预制板	C30	预拌混凝土			
14	楼梯	C20	预拌混凝土			包括楼梯类型下的楼梯、直形
15	其他	C20	预拌混凝土	M5.0	水泥砂浆 中砂	除上述构件类型以外的其他混

复制到其他楼层 恢复默认值

绘图输入
表格输入
报表预览

1、如果标记为首层，则标记层为首层，相邻楼层的编码自动变化，基础层的编码不变；
2、基础层、标准层及楼层编号如2~4的，均不能设为首层；设置首层标志后，楼层编码自动变化。编码为正数的为地上层，编码为负数的，为地下层，基

图 4-2-18 步骤 17

18. 插入楼层信息。见图 4-2-19。

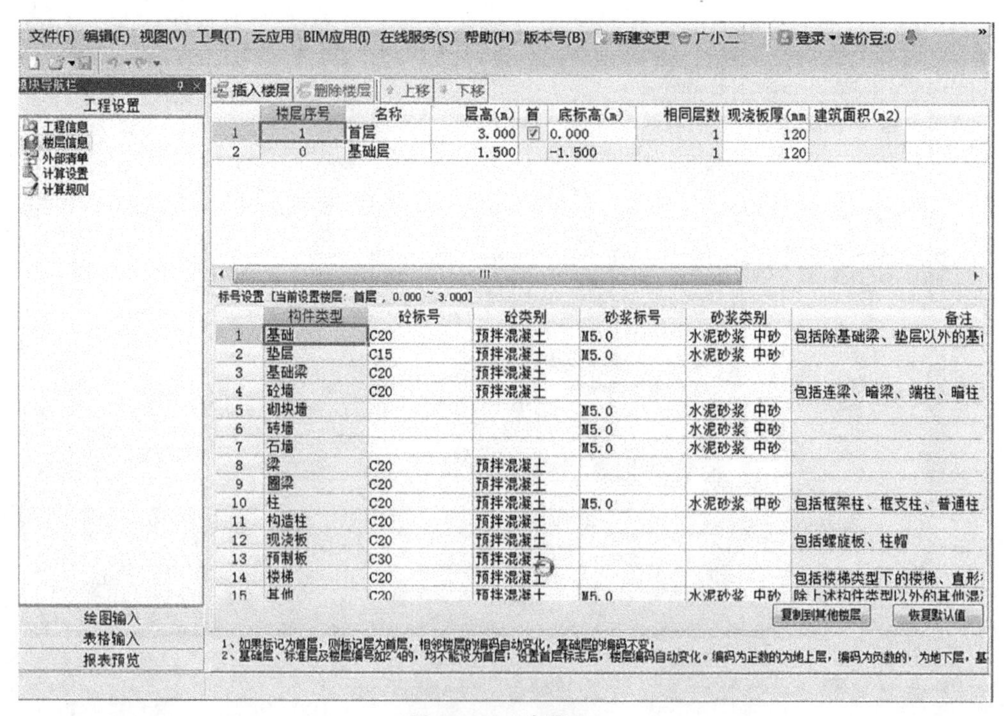

图 4-2-19 步骤 18

19. 视图，构件图元显示设置。见图 4-2-20。

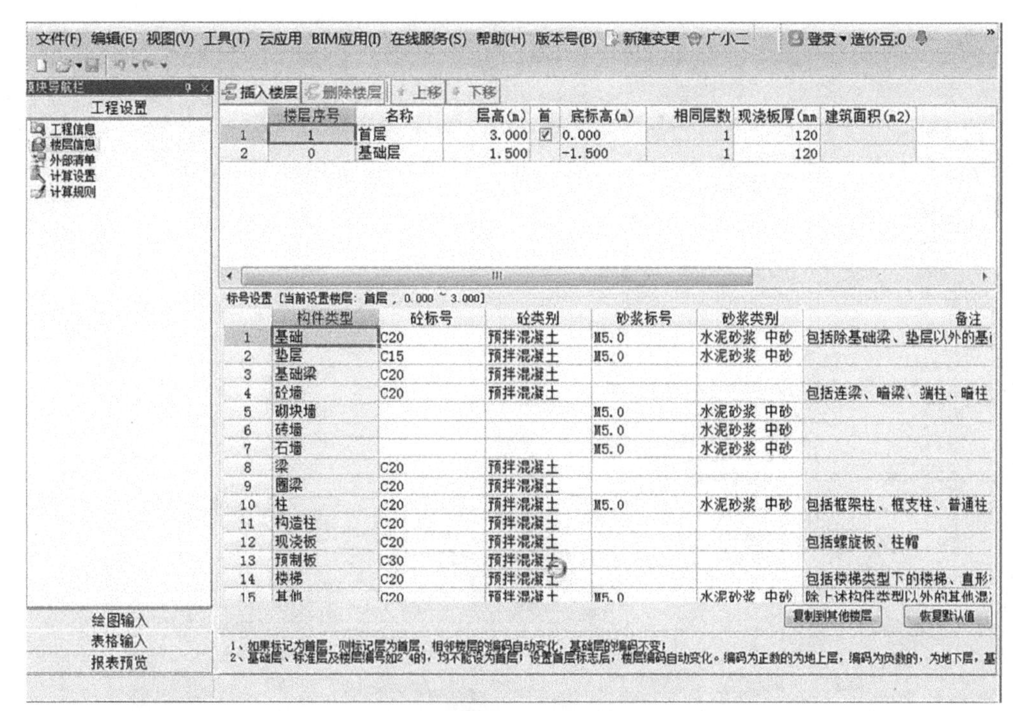

图 4-2-20　步骤 19

20. 显示所有构件，动态观察，俯视。见图 4-2-21。

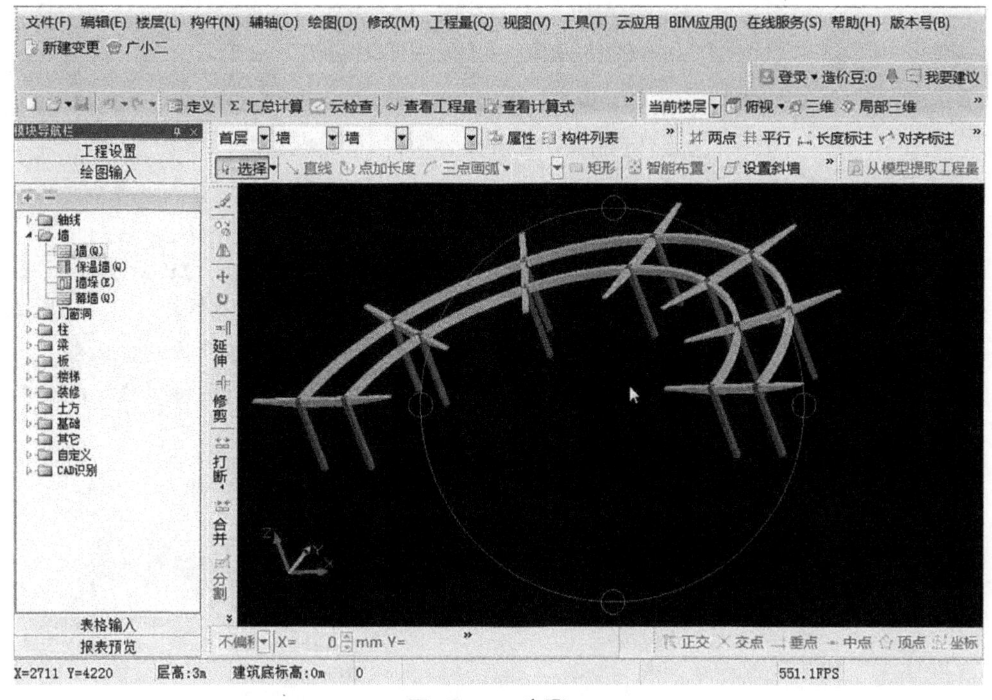

图 4-2-21　步骤 20

21.独立柱装修。定义、新建、绘图。见图 4-2-22。

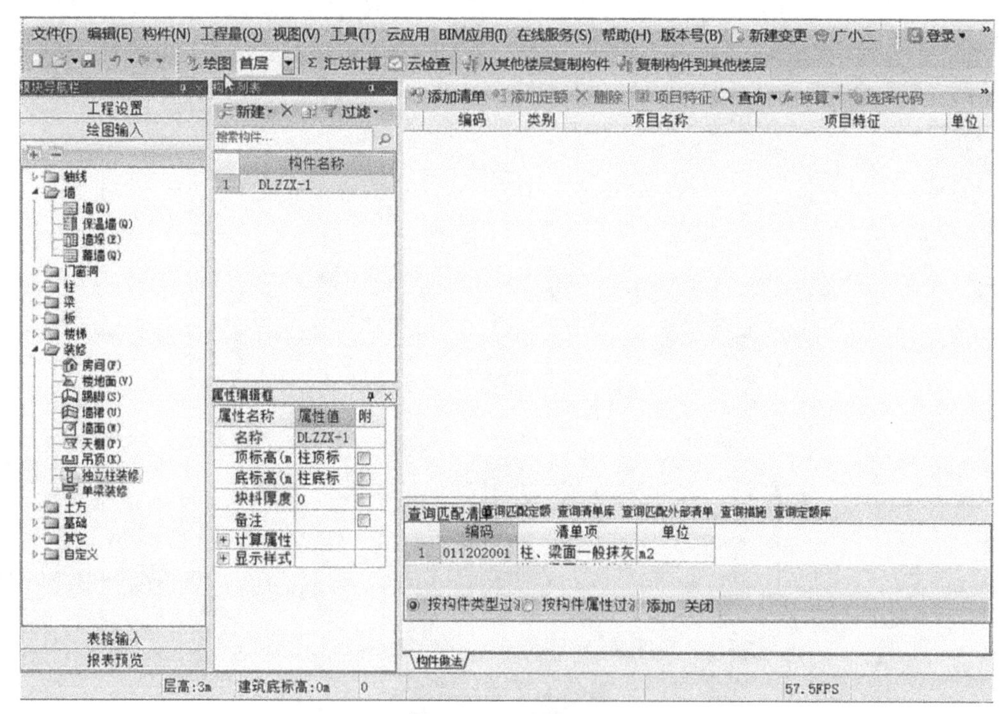

图 4-2-22 步骤 21

22.智能布置独立柱。见图 4-2-23。

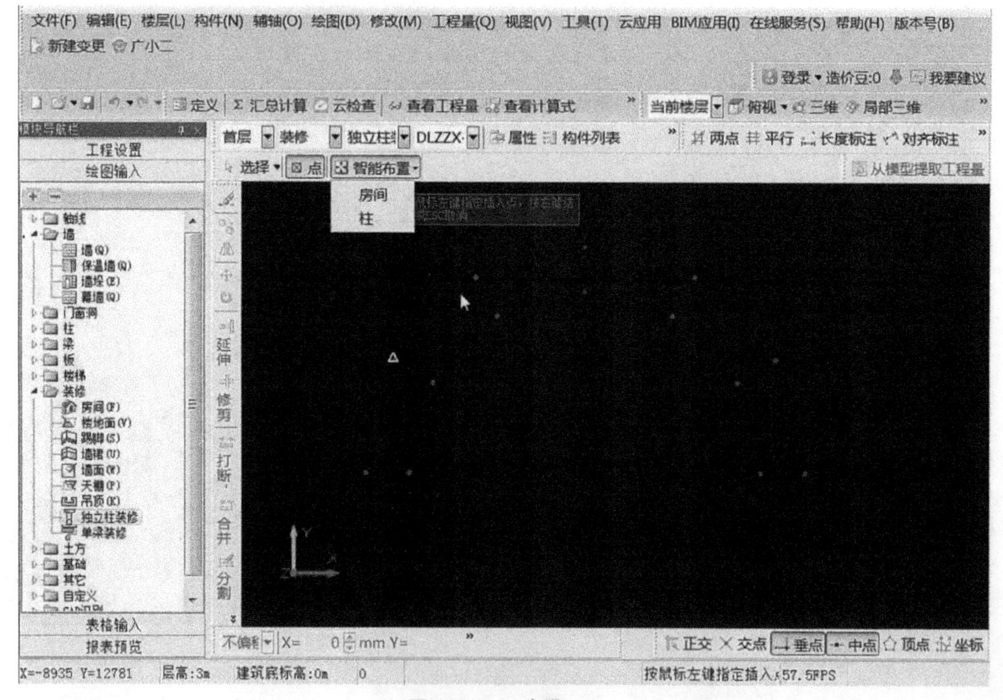

图 4-2-23 步骤 22

23.花架梁装修。定义、新建、绘图。见图 4-2-24。

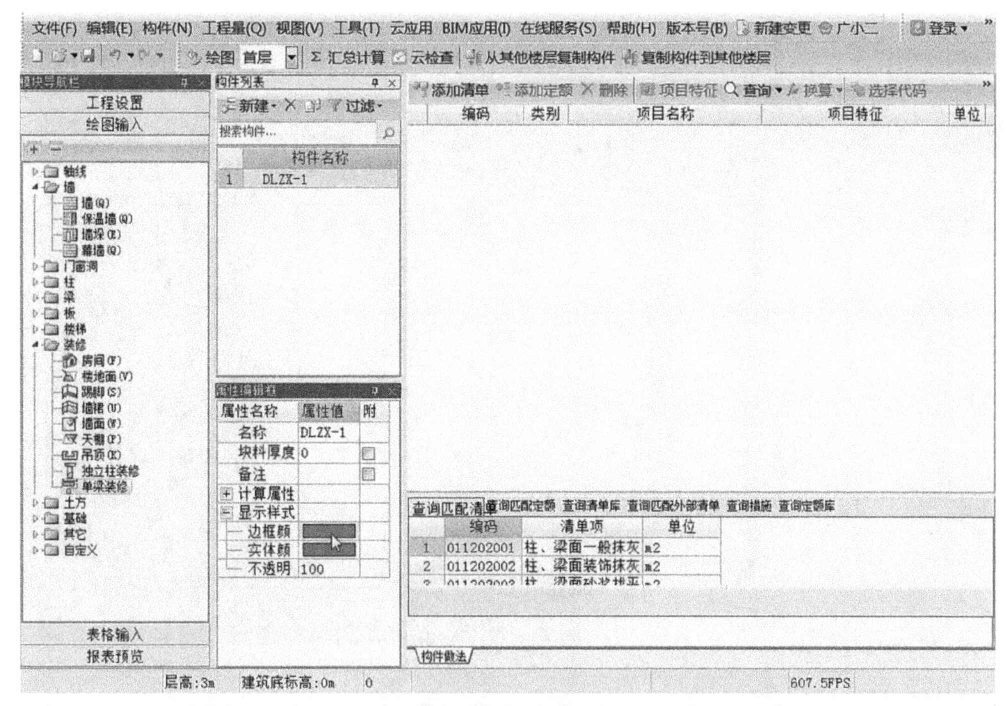

图 4-2-24 步骤 23

24.智能布置花架梁。见图 4-2-25。

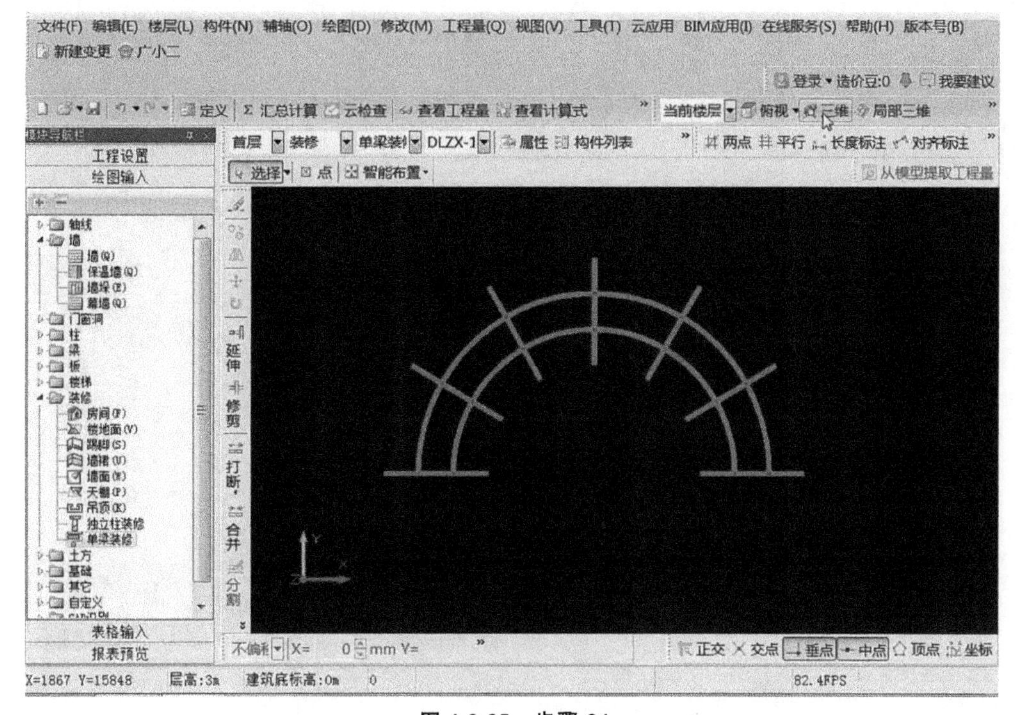

图 4-2-25 步骤 24

25. 视图，构件图元显示。见图 4-2-26。

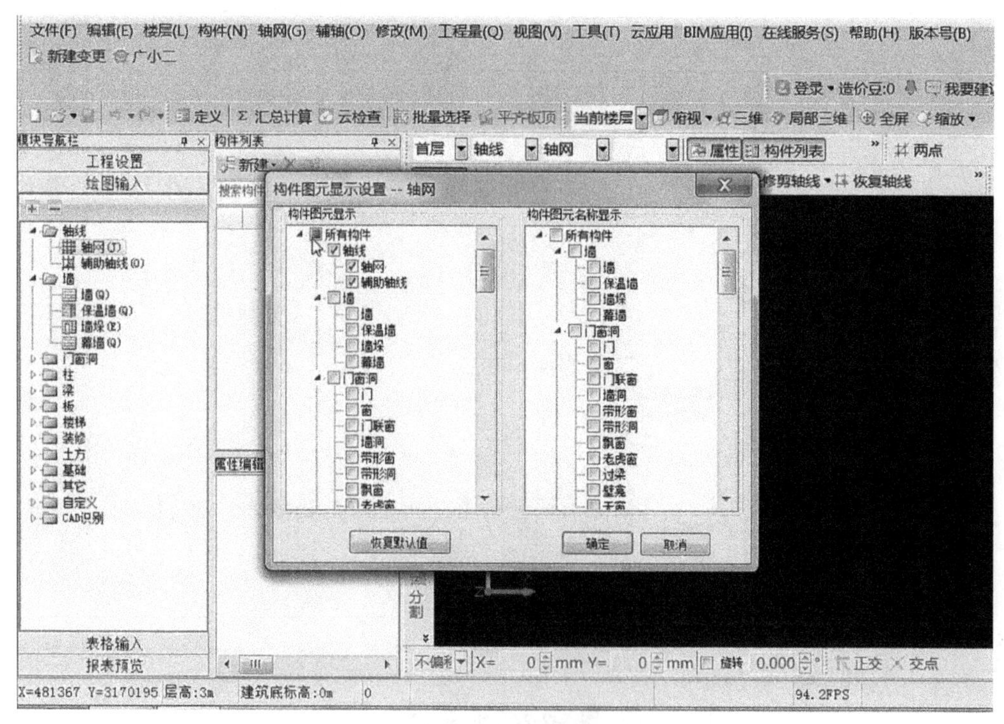

图 4-2-26 步骤 25

26. 构件列表。见图 4-2-27。

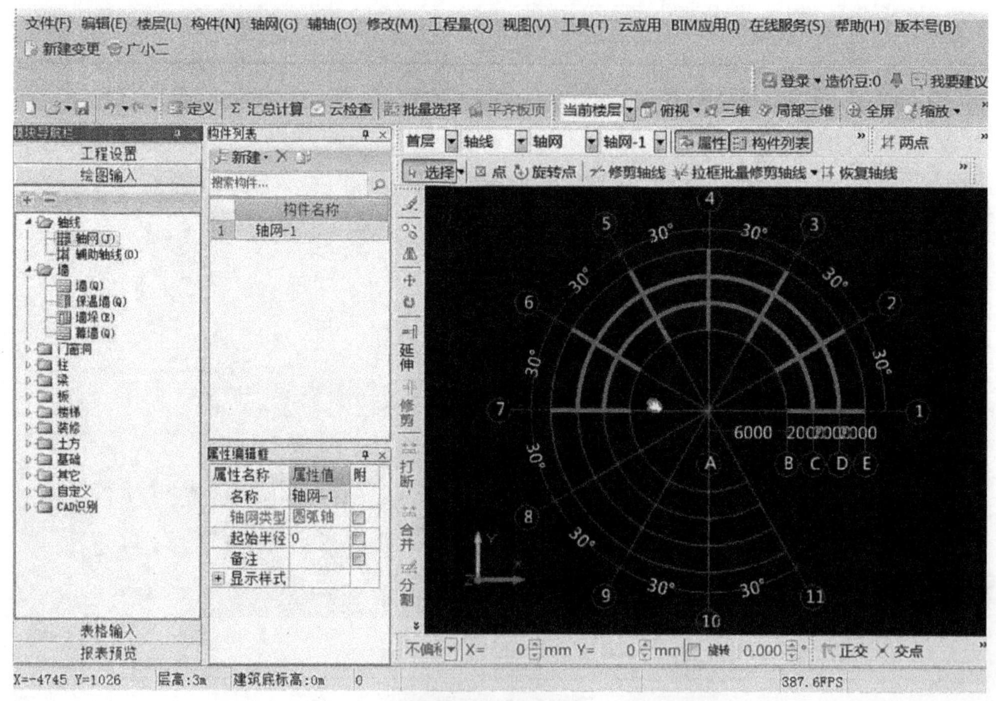

图 4-2-27 步骤 26

27.定义、新建、绘图花坛。花坛的坛壁用墙代替，墙高 600 mm。起点顶标高为墙顶标高−2.4 m，终点顶标高−2.4 m。见图 4-2-28。

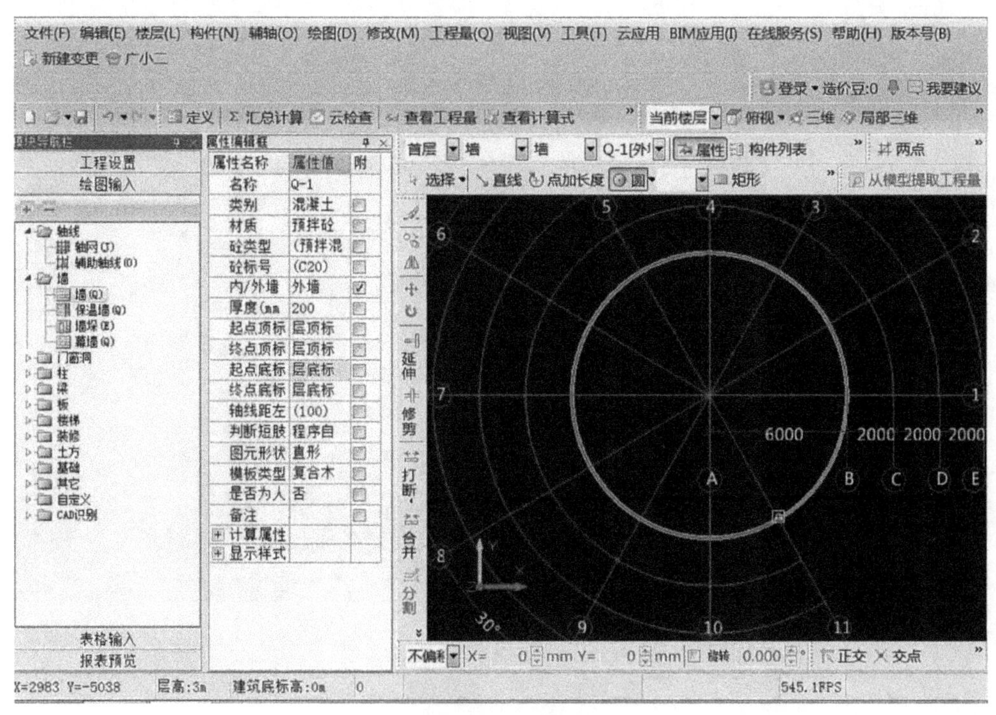

图 4-2-28　步骤 27

28.定义、新建、绘图花坛压顶，设置压顶宽度 400 mm，高厚度 200 mm。见图 4-2-29。

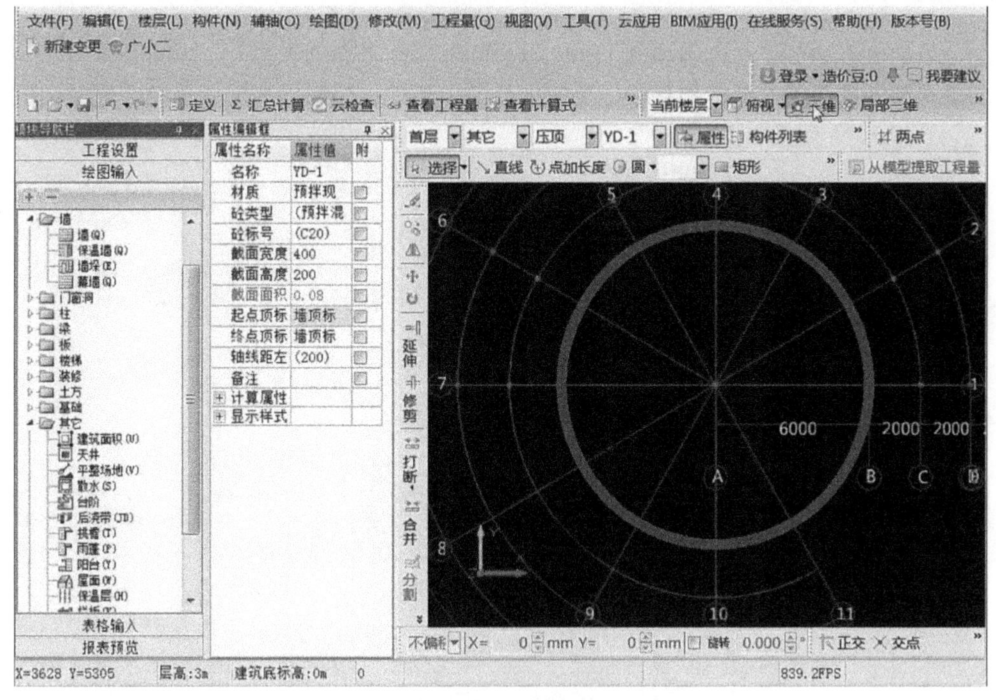

图 4-2-29　步骤 28

29.动态观察花坛的坛壁、压顶。见图 4-2-30。

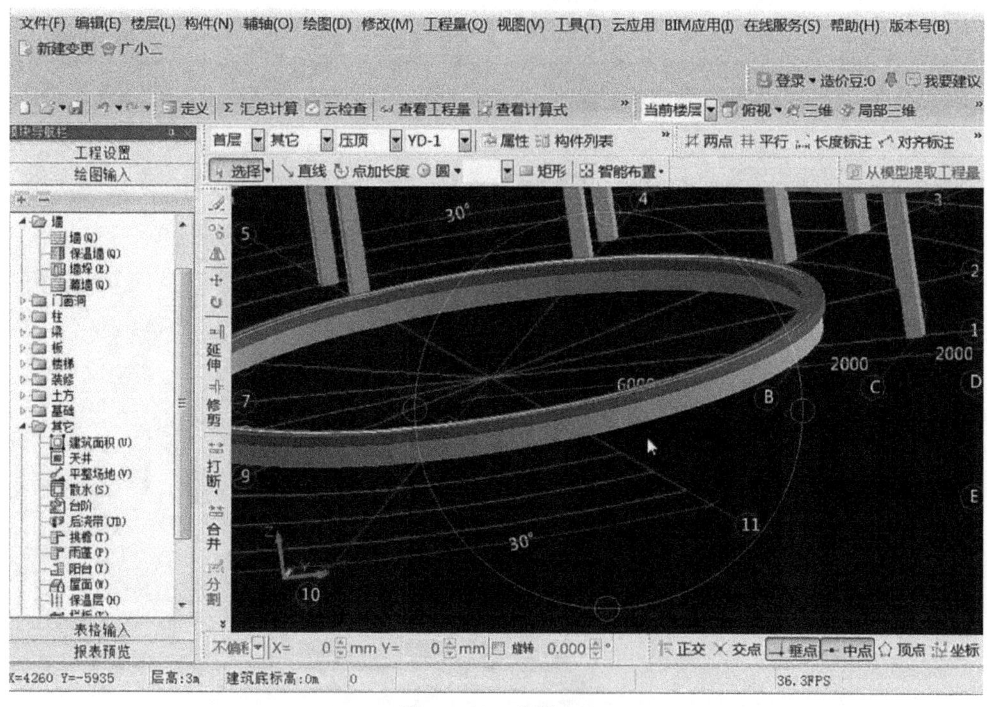

图 4-2-30 步骤 29

30.定义花坛距离地面 300 mm 高以下外墙面的装饰,起点顶标高为墙顶标高－0.3 m、终点顶标高为墙顶标高－0.3 m,以及显示样式。见图 4-2-31。

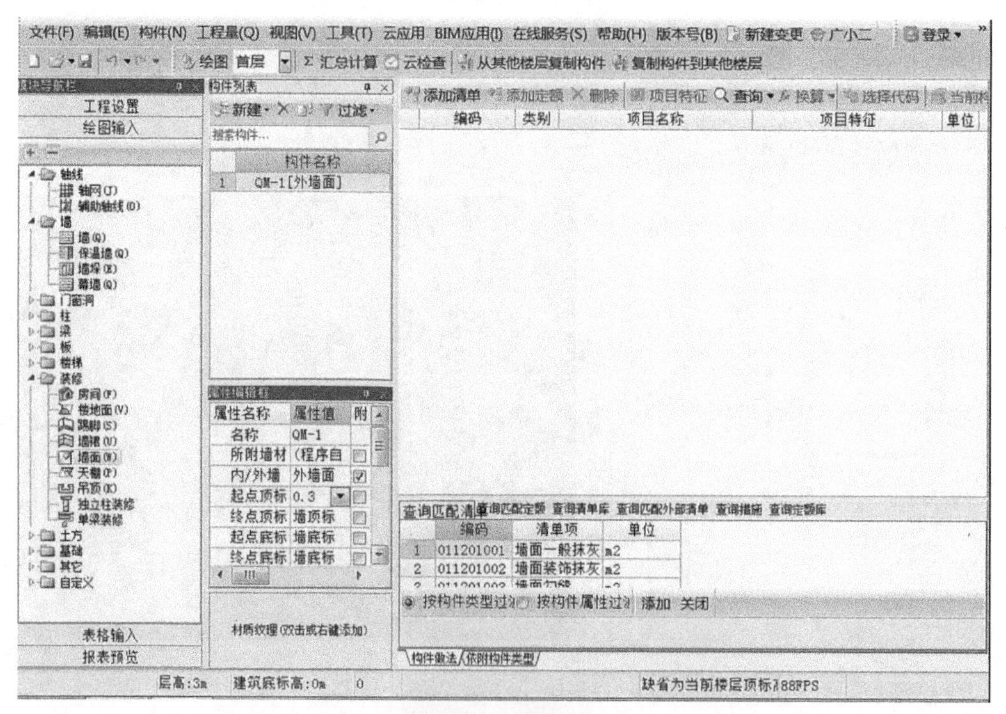

图 4-2-31 步骤 30

31.绘图花坛外墙面。见图 4-2-32。

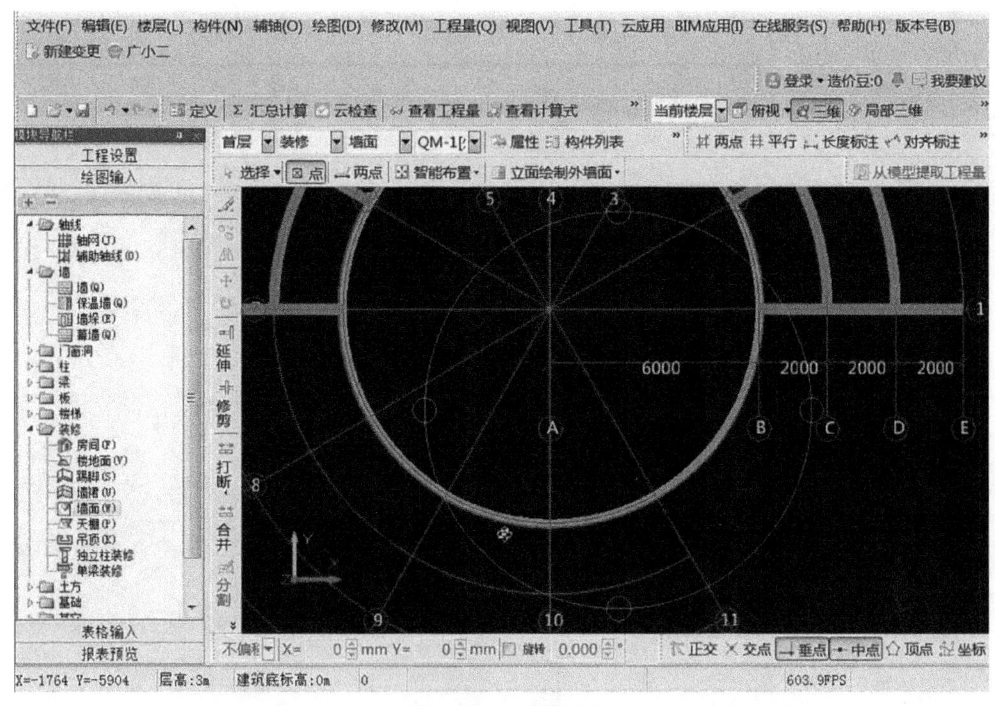

图 4-2-32 步骤 31

32.定义、新建花坛距离地面 300 mm 高以上的外墙面的装饰,起点顶标高为墙底标高+0.3 m、终点顶标高为墙底标高+0.3 m,以及显示样式,并绘图。见图 4-2-33。

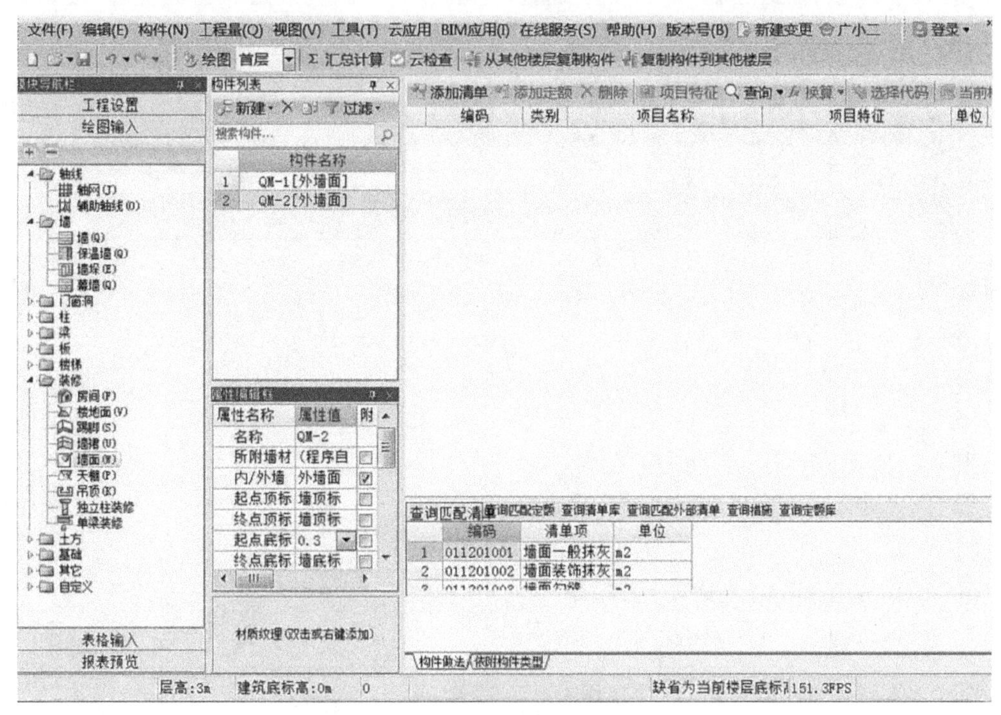

图 4-2-33 步骤 32

33. 汇总计算工程量。见图 4-2-34。

图 4-2-34 步骤 33

34. 查看工程量。查看构件图元工程量。见图 4-2-35。

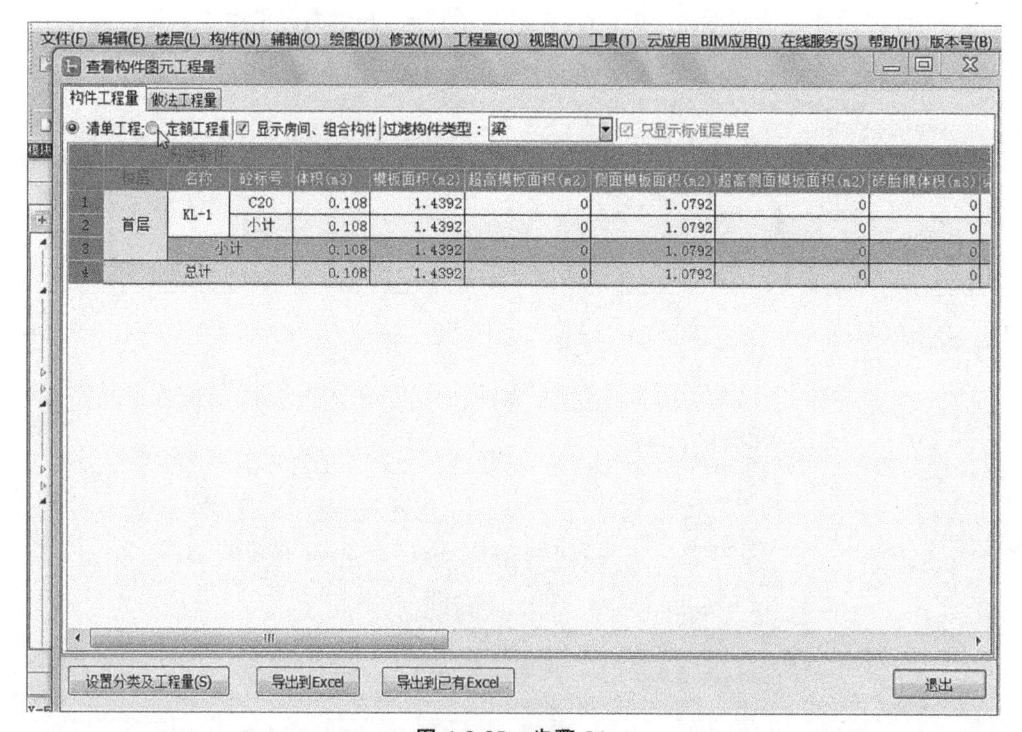

	楼层	名称	砼标号	体积(m3)	模板面积(m2)	超高模板面积(m2)	侧面模板面积(m2)	超高侧面模板面积(m2)	砖胎膜体积(m3)
1	首层	KL-1	C20	0.108	1.4392	0	1.0792	0	0
2			小计	0.108	1.4392	0	1.0792	0	0
3		小计		0.108	1.4392	0	1.0792	0	0
4	总计			0.108	1.4392	0	1.0792	0	0

图 4-2-35 步骤 34

35.报表预览、打印。见图 4-2-36。

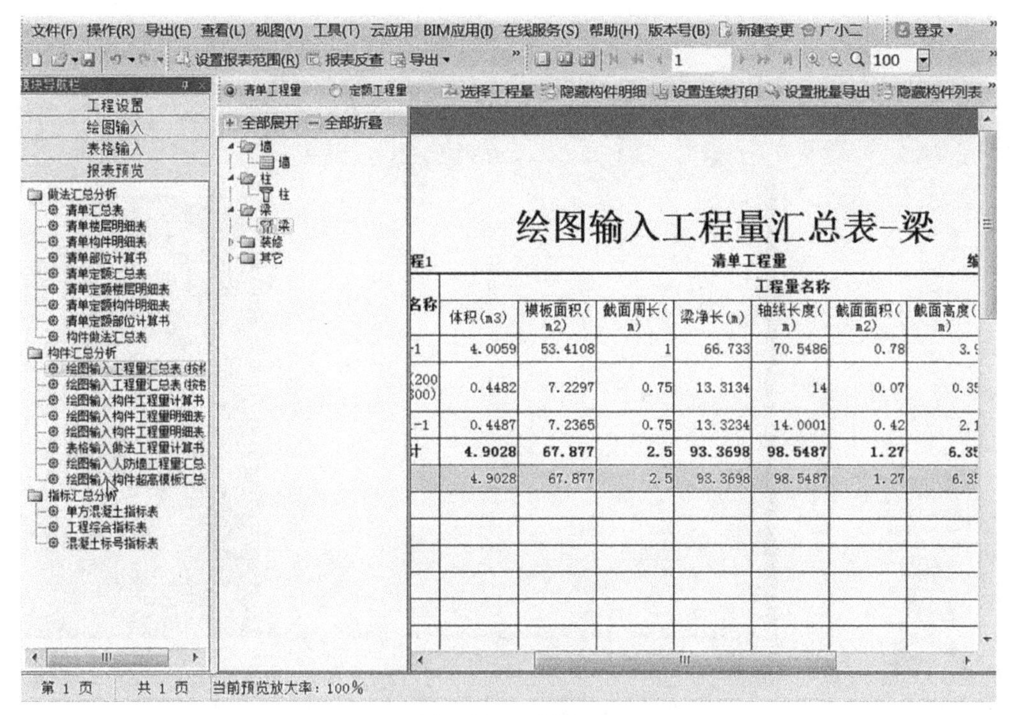

图 4-2-36　步骤 35

36.从其他楼层复制构件图元。见图 4-2-37。

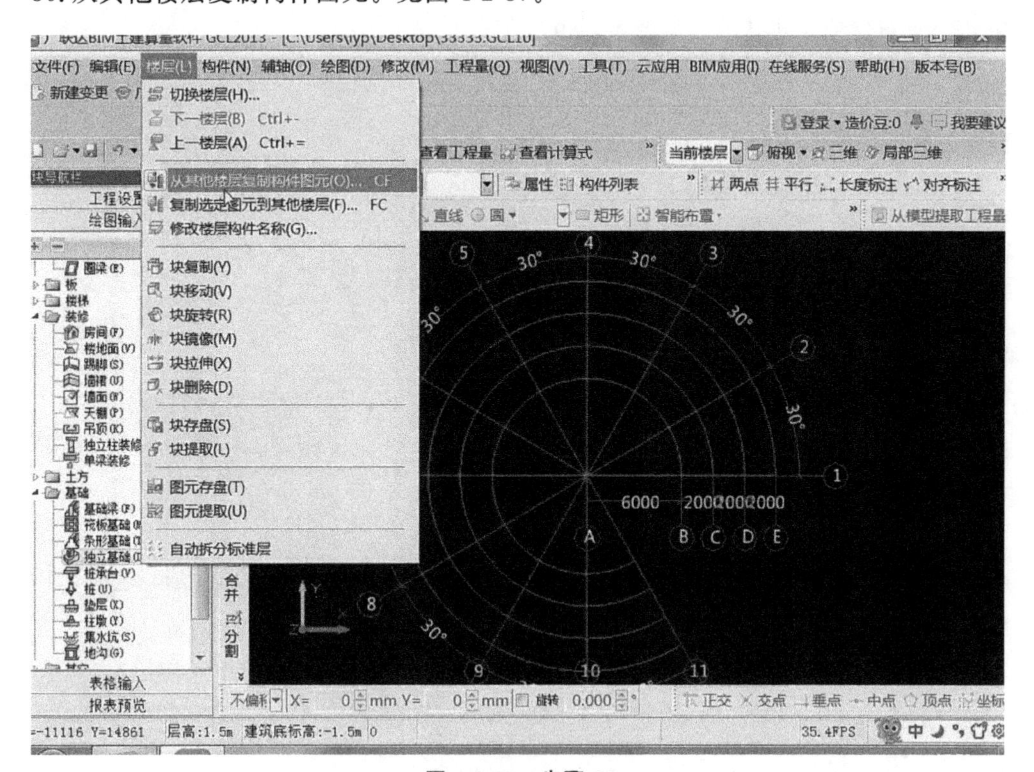

图 4-2-37　步骤 36

37. 复制到基础层。见图 4-2-38。

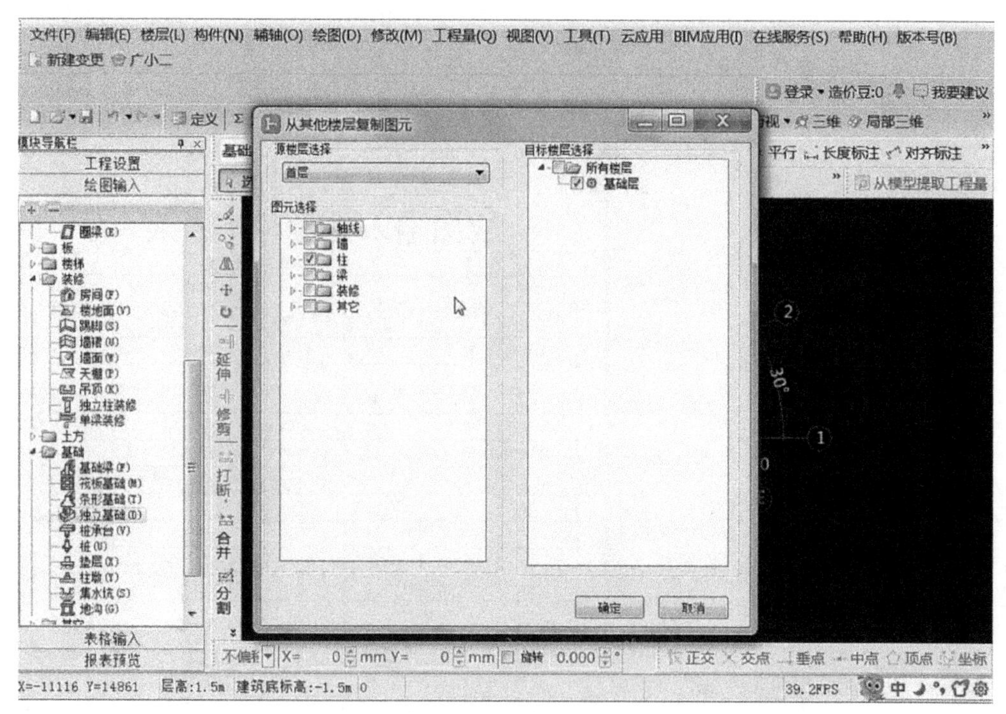

图 4-2-38 步骤 37

38. 定义、新建独立式基础。见图 4-2-39。

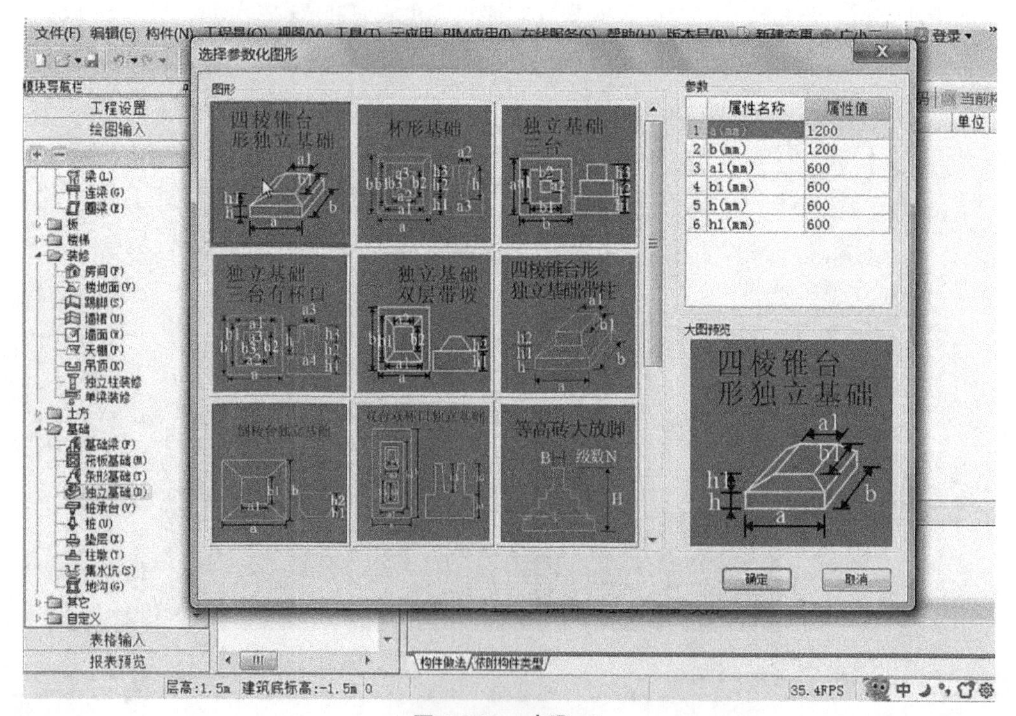

图 4-2-39 步骤 38

39.绘制独立式基础。见图 4-2-40。

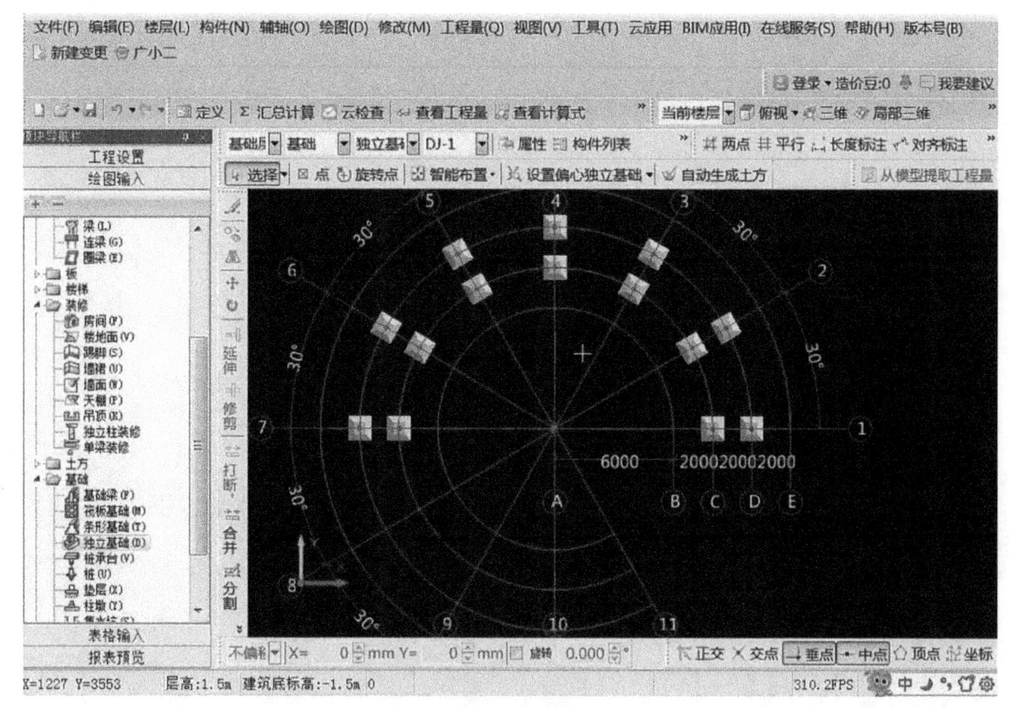

图 4-2-40　步骤 39

40.三维,动态观察独立式基础。见图 4-2-41。

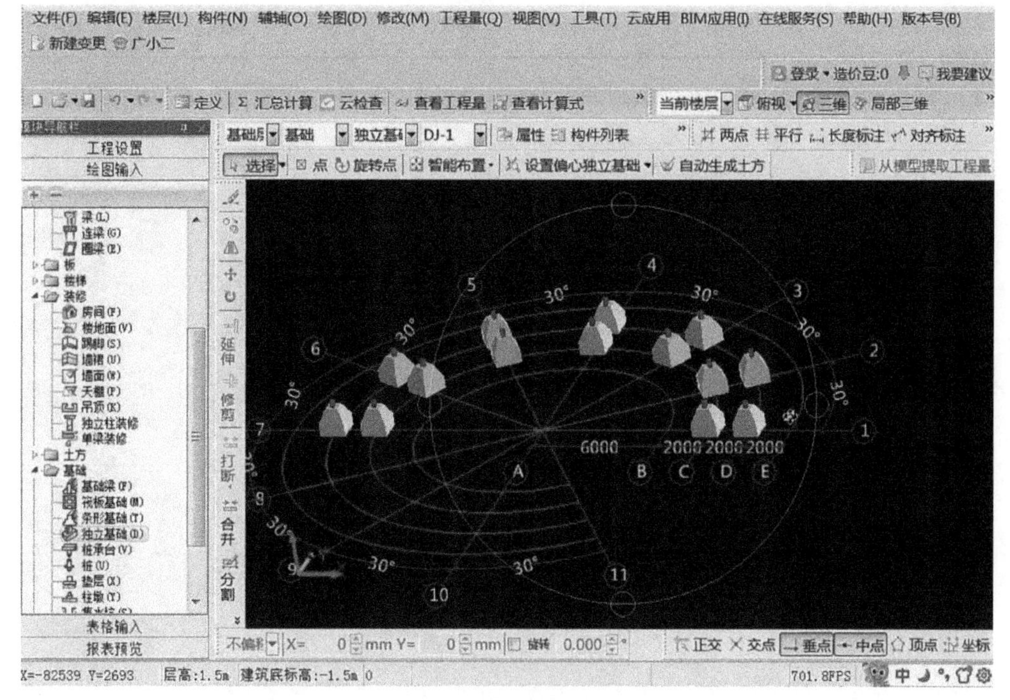

图 4-2-41　步骤 40

41.定义、新建第一个坐凳。凳腿定义为外墙 2。见图 4-2-42。

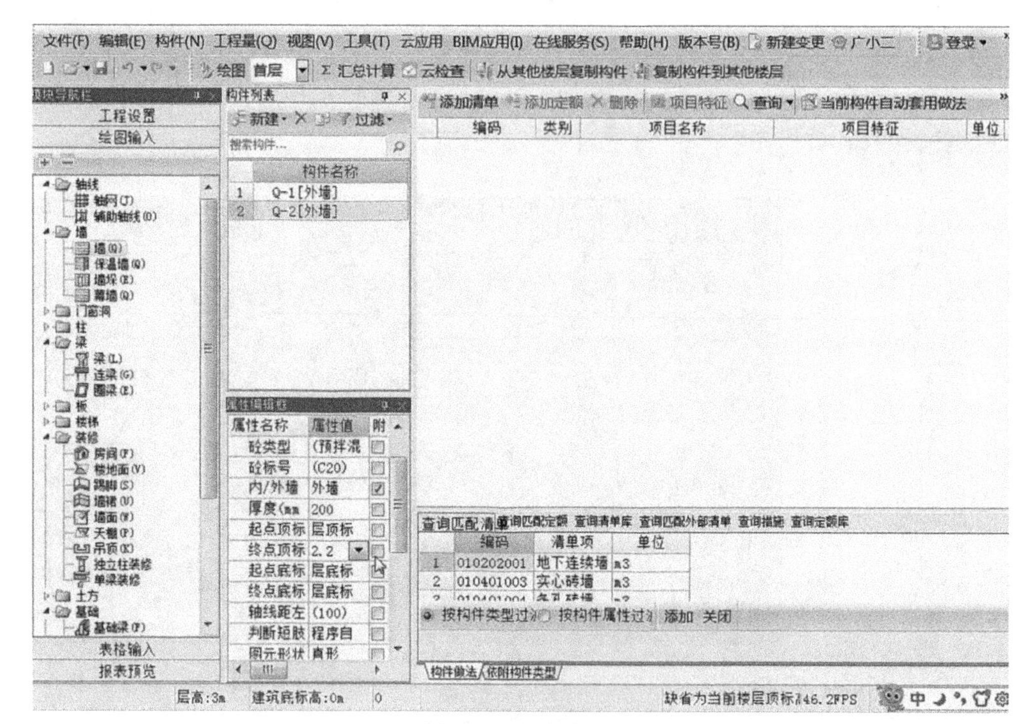

图 4-2-42 步骤 41

42.绘制凳腿。见图 4-2-43。

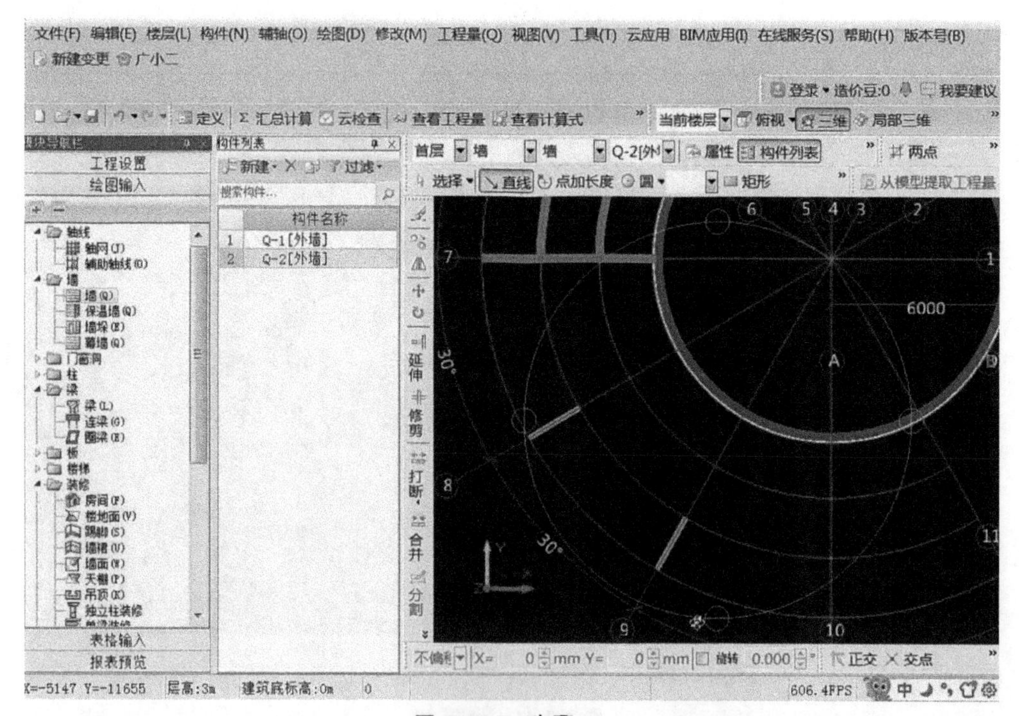

图 4-2-43 步骤 42

43.定义凳面,用现浇板表示,设置现浇板属性。见图 4-2-44。

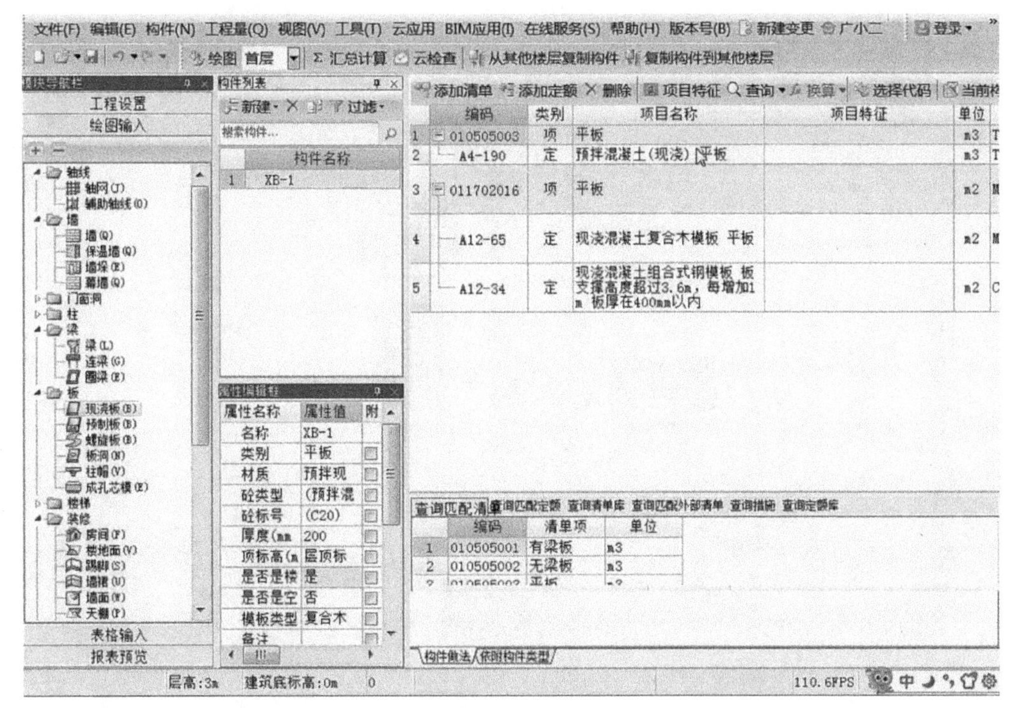

图 4-2-44　步骤 43

44.绘制现浇板凳面。见图 4-2-45。

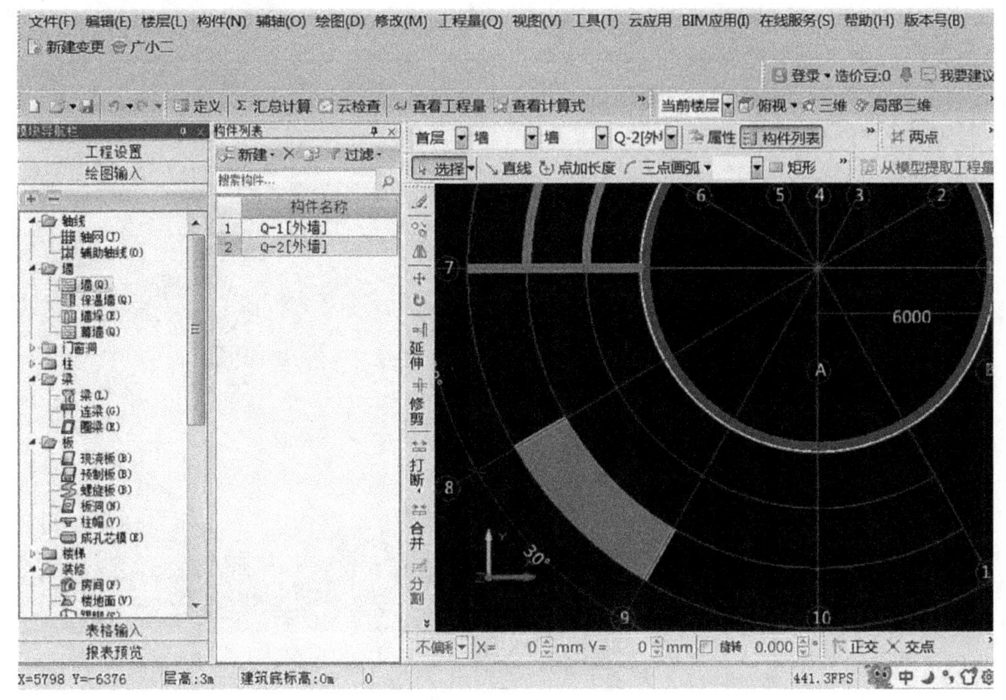

图 4-2-45　步骤 44

45.选择外墙面砖作为凳腿的外装饰。见图 4-2-46。

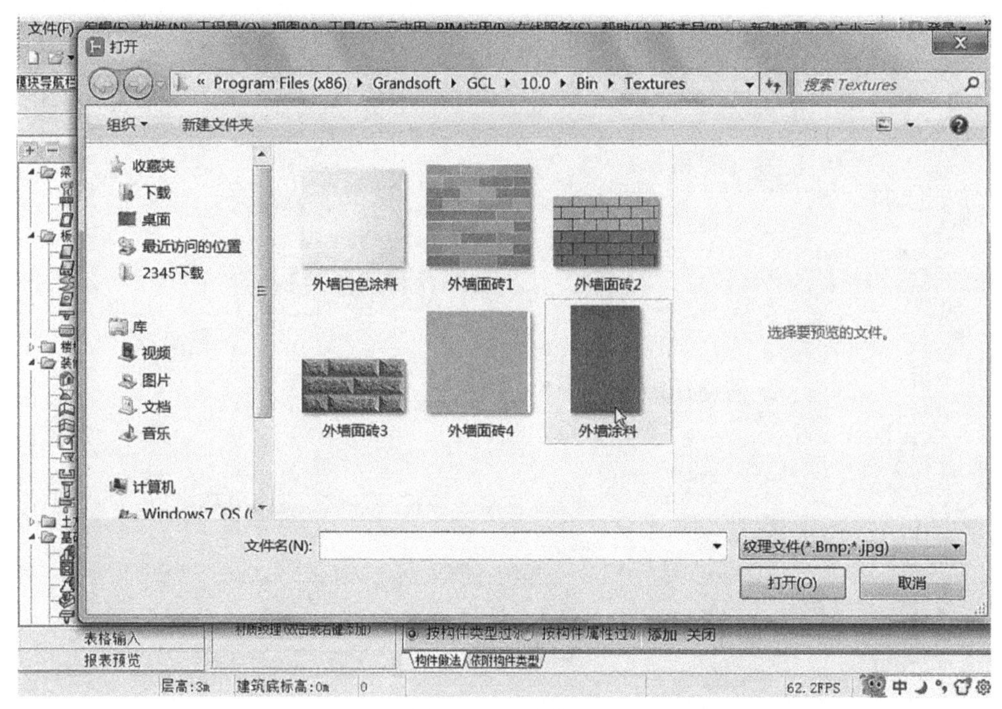

图 4-2-46　步骤 45

46.绘图,外墙面 3。见图 4-2-47。

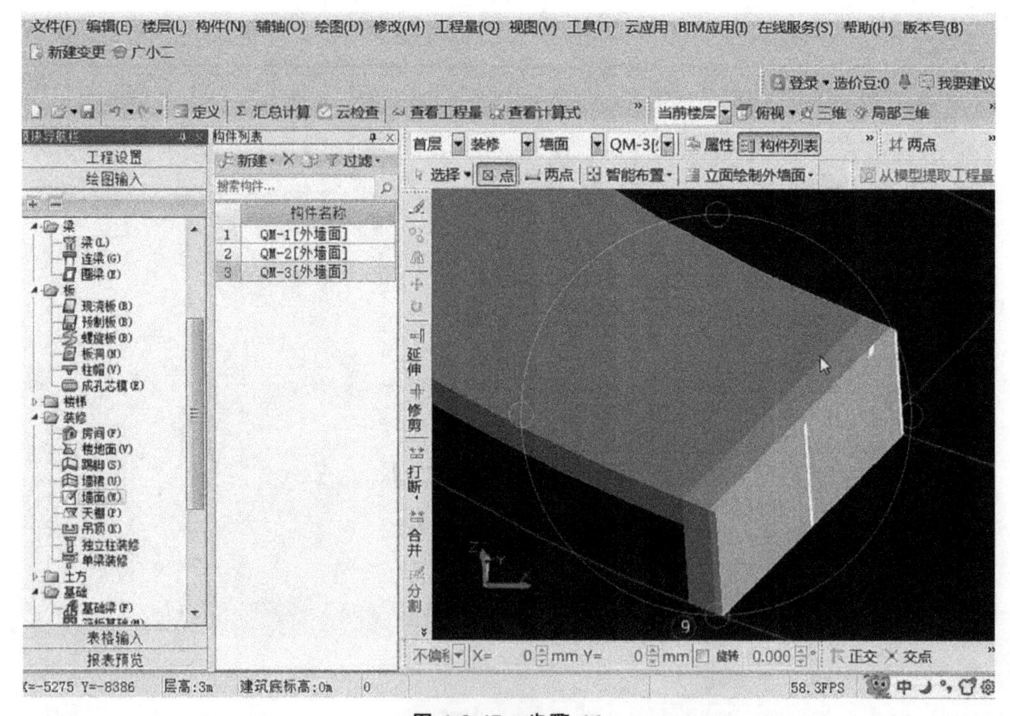

图 4-2-47　步骤 46

47.定义、新建、绘图第二个坐凳。见图 4-2-48。

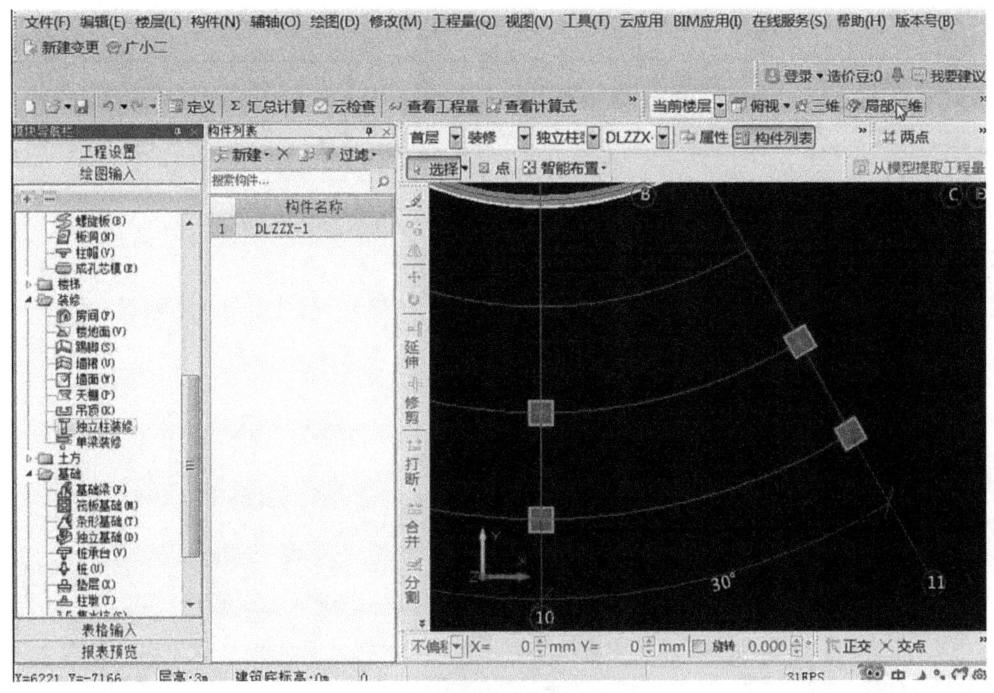

图 4-2-48　步骤 47

48.定义、新建、绘图第二个坐凳面。见图 4-2-49。

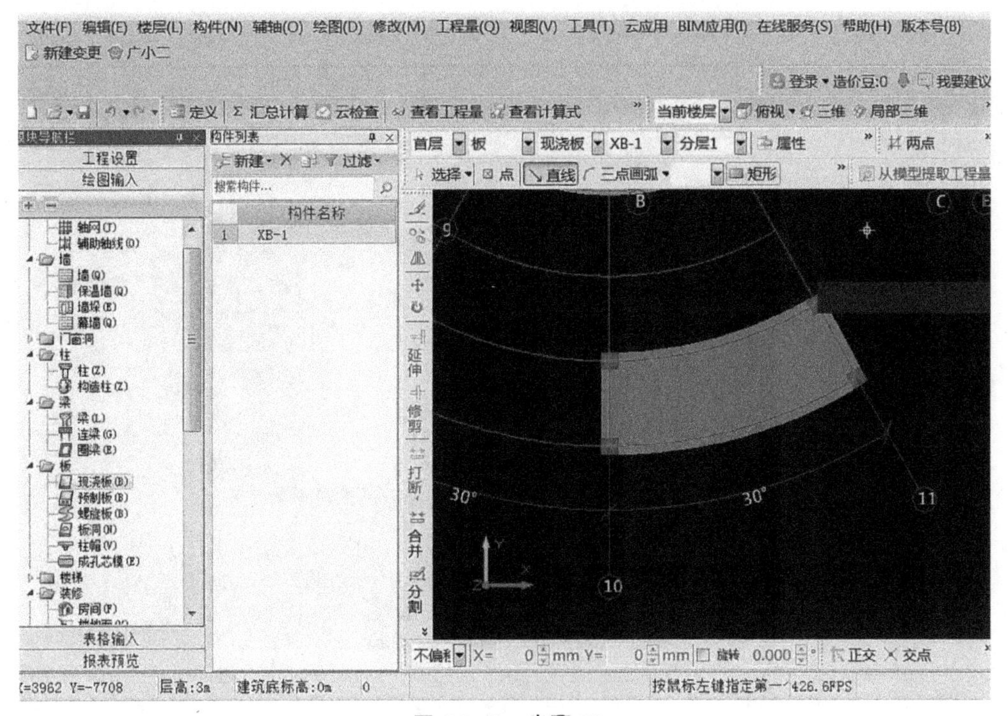

图 4-2-49　步骤 48

49.定义、新建、绘图建筑面积。见图 4-2-50。

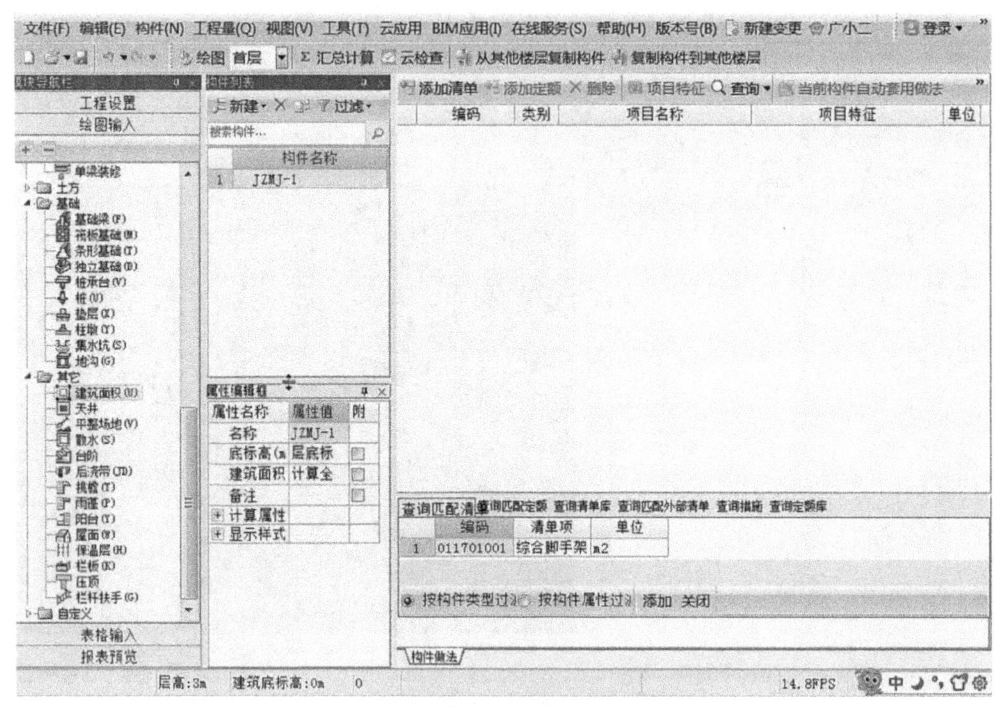

图 4-2-50 步骤 49

50.汇总计算工程量。见图 4-2-51。

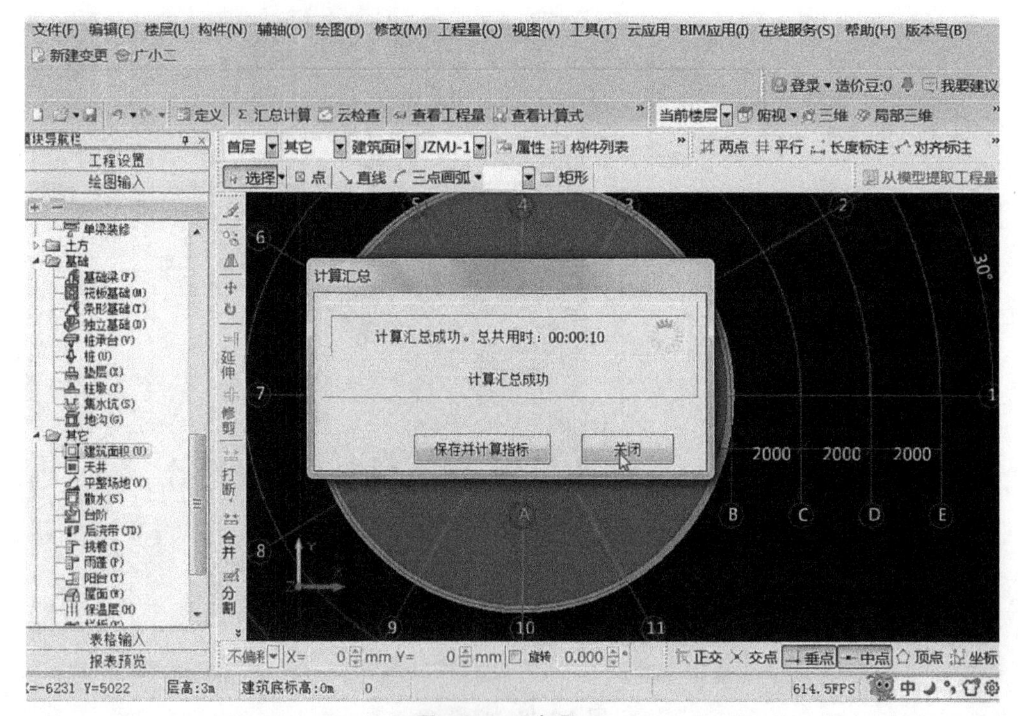

图 4-2-51 步骤 50

51. 报表、打印。见图 4-2-52。

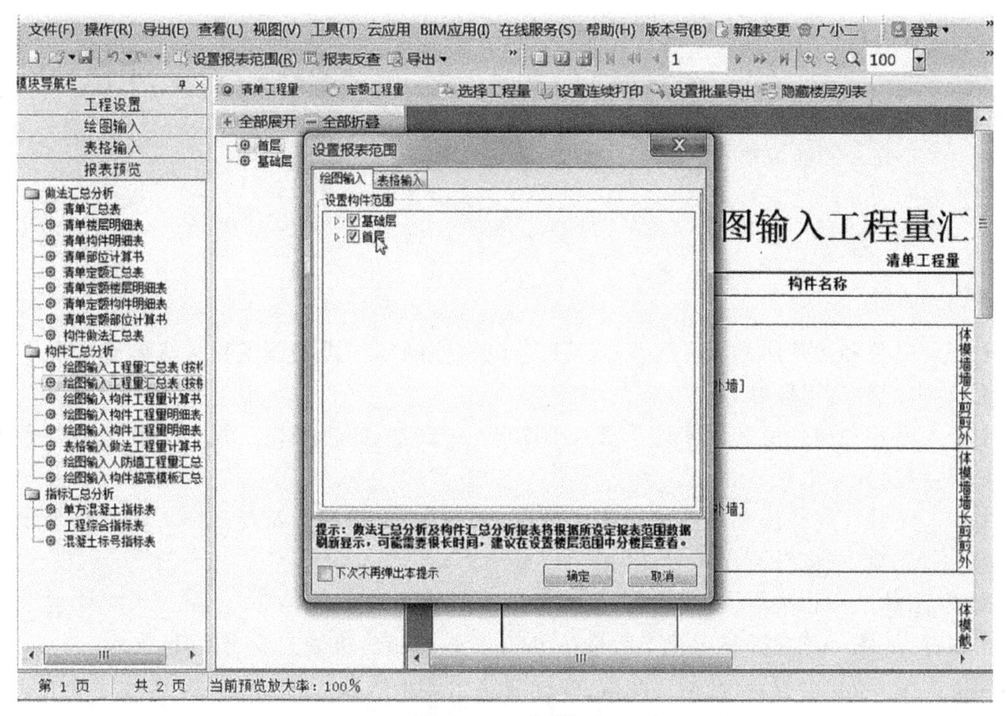

图 4-2-52　步骤 51

二、软件计价

算量软件完成计量，不能直接导入计价软件中完成计价，因园林建筑小品所用的材料与软件中设置的不同，如石材与混凝土同样按体积计算，如果直接导入计价软件中还要修改定额项，所以工程量和钢筋可以用算量软件完成，准确速度快，再根据工程量到计价软件中直接套价更为简单。也就是根据施工图有关材料、尺寸等，使用量筋合一软件先建模，每个构件建模完成，查看工程量，整个工程建模完成，再汇总计算全部工程量，根据已计算的工程量，利用 PT2016 计价软件新建园林工程在计价软件中套价，算量中没有计算的装饰、构造等可以在计价软件中运用项目指引，查找到相应的定额项，分别输入工程量、修改市场价等。最后，计价软件自动计价。计价表格略。

参考文献

[1] 中华人民共和国住房和城乡建设部. GB 50500—2013,建设工程工程量清单计价规范[S]. 北京:中国计划出版社,2013.
[2] 中华人民共和国住房和城乡建设部. GB 50858—2013,园林绿化工程工程量计算规范[S]. 北京:中国计划出版社,2013.
[3] 中华人民共和国住房和城乡建设部. GB 50854—2013,房屋建筑与装饰工程工程量计算规范[S]. 北京:中国计划出版社,2013.
[4] 黄顺. 园林工程预决算[M]. 北京:高等教育出版社,2014.
[5] 张国栋. 一图一算之园林绿化工程造价[M]. 2 版. 北京:机械工业出版社,2014.
[6] 廖雯主编. 园林工程计价[M]. 北京:中国建筑工业出版社,2013.
[7] 胡光宇主编. 园林工程计量与计价[M]. 沈阳:沈阳出版社,2011.
[8] 张永君等. 园林工程造价速成与实例详解[M]. 北京:化学工业出版社,2012.